Prüfungsbuch Konditor/Konditorin

in Lernfeldern

PFANNEBERG

Best.-Nr.: 06452

Autor:
Peter Burkheiser, Werther

Verlagslektorat:
Anke Horst

1. Auflage 2012

Druck 5 4 3 2 1

Alle Drucke derselben Auflage sind parallel einsetzbar, da sie bis auf die Behebung von Druckfehlern untereinander unverändert sind.

ISBN 978-3-8057-0645-2

http://www.pfanneberg.de
Umschlaggestaltung: braunwerbeagentur, 42477 Radevormwald
Satz: Satz + Layout Werkstatt Kluth GmbH, 50374 Erftstadt
Druck: M. P. Media-Print Informationstechnologie GmbH, 33100 Paderborn

Vorwort

Auf eine Prüfung kann man sich unterschiedlich vorbereiten. Die einen lassen es auf sich zukommen, andere wiederum arbeiten mit einem stetig wachsenden Zettelkasten. Sie versuchen es mit diesem Buch. Auch das ist eine Möglichkeit – und keine schlechte. Gleichwohl lassen sich auch alle drei Methoden miteinander kombinieren. Entscheidend jedoch ist allein Ihr Wille, sich gut vorzubereiten. Dabei kann Ihnen das vorliegende Prüfungswissen behilflich sein. Der inhaltliche Prüfungsstoff bezieht sich auf die im Unterricht erarbeiteten Inhalte. Die Inhalte Ihrer Unterrichtsarbeit beziehen sich auf den Lehrplan, der für alle Konditorinnen und Konditoren im Bundesgebiet verbindlich ist.

Wie ist dieses Buch aufgebaut?
Im 1. Teil finden Sie eine kurze Einführung zu den verwendeten Aufgabenstellungen und Fragetechniken.
Im 2. Teil finden Sie, eingeteilt nach den Lernfeldern, eine Auswahl von mehr als 500 Fragen zur Prüfungsvorbereitung.
Der 3. Teil beinhaltet eine vollständige Zwischen- und Abschlussprüfung mit einem Musterlösungsteil. Bei diesen Prüfungen handelt es sich um tatsächlich durchgeführte Prüfungen der Konditoreninnung. Damit können Sie Ihre Prüfungsvorbereitung optimal kontrollieren.

Wie können Sie mit diesem Buch arbeiten?
Zunächst können Sie natürlich vorne anfangen und hinten aufhören. So lassen Sie nichts aus und können sicher sein, dass Sie auch die Themenbereiche streifen, in denen Sie sich nicht so sicher fühlen.
Natürlich können Sie sich wahlweise die Lernfelder herausgreifen, die Sie noch nicht beherrschen. Wenn Sie mit einer „5-Fächer-Lernkartei" lernen, ist es natürlich sinnvoll, wenn Sie Ihren individuellen Lernplan mit den einzelnen Kapiteln des Buches abgleichen.
Gleichwohl ersetzt dieses Prüfungsbuch nicht die kontinuierliche Arbeit im Unterricht. Die Arbeit mit diesem Buch hilft Ihnen jedoch, einen Überblick über Ihren tatsächlichen Wissensstand zu gewinnen. Das Wissen darüber erlaubt es Ihnen, sich zielgerichtet mit den einzelnen Wissensgebieten auseinanderzusetzen.
Wer sich jedoch umfassend mit den technologischen Fragestellungen des Konditorenberufes befassen möchte, für den bietet dieses Buch umfangreiche Hilfestellungen. Nicht zuletzt birgt es eine mentale Komponente in der Prüfungsvorbereitung. Im Glauben, sich optimal vorbereitet zu haben, lässt sich eine Theorieprüfung mit weniger Aufregung und mehr Gelassenheit bewältigen.
Abschließend sei gesagt, dass vor dem Hintergrund ständig steigender Anforderungen im Berufsleben und dem sich ständig erneuernden Wissensvorrat es eben nicht immer ausreicht zu wissen, wo etwas steht, sondern vieles muss man eben auch als abrufbares Wissen vorweisen können. Das unterscheidet den Laien, dem sein Halbwissen reicht, von der Fachfrau oder dem Fachmann.
Trotz aller Bemühungen des Autors um sorgfältigste Prüfung der Aufgabenstellungen und Inhalte, kann es vorkommen, dass sich Fehler einschleichen. Wir bitten um Entschuldigung und Nachsicht. Wünschen würden wir uns eine kurze Rückmeldung an Autor und Verlag, z. B. per E-Mail an lektorat@pfanneberg.de.

Autor und Verlag wünschen Ihnen, dass dieses Buch ein erfolgreicher Baustein in Ihrer Prüfungsvorbereitung sein möge.

Herbst 2012

1 Aufgabenformen

1.1 Mehrfach-Antwort-Aufgaben

Sie finden in den nachfolgenden Aufgabenstellungen verschiedene Aufgabentypen vor. Der am häufigsten vorkommende Aufgabentyp ist die Mehrfachwahlaufgabe oder auch Multiple-choice-Aufgabe. Von den vorgegebenen Antworten sind, je nach Aufgabe, die passenden Antwortmöglichkeiten anzukreuzen oder der Fragesatz ist mit der nachfolgenden Antwort fortzusetzen.

Dazu ein Beispiel:

Während der Warenannahme stellen Sie fest, dass Teile der Walnusslieferung schimmelig geworden sind.

Sie...

1. sortieren die schimmeligen Nüsse aus.
2. verlangen vom Lieferanten eine Preisminderung.
3. reinigen die Nüsse und verarbeiten sie sofort.
4. lehnen die Annahme der Ware ab.
5. frieren die Nüsse ein, um die Mikroorganismen abzutöten.

Sie kreuzen die entsprechende Ziffer an oder tragen die entsprechende Ziffer in Ihrem Buch ein. Für die Prüfung gilt, dass eine richtige Antwort aus fünf Antwortmöglichkeiten ausgewählt werden muss. Sollten sechs oder mehr Antwortmöglichkeiten angegeben sein, erhöht sich auch die Zahl der möglichen Lösungen. Dazu ein Beispiel:

Welche der nachfolgenden Lebensmittel gelten als typische Salmonellenträger?

1. Eis
2. Brot
3. Räucherfisch
4. Eier
5. Weintrauben
6. Hackfleisch
7. Marmelade
8. Schokolade
9. Marzipan

In diesem Fall wären also drei richtige Antwortmöglichkeiten anzugeben.
Bei sechs Auswahlmöglichkeiten sind zwei Antwortmöglichkeiten anzukreuzen.

1.2 Reihenfolgeaufgabe

Mit der Beantwortung dieser Frage sollen Sie zeigen, dass Sie Arbeitsablaufschritte oder auch folgerichtige Rezepturarbeiten in die richtige sachlogische Reihenfolge bringen können. Sie sollen in diesem Fall eine Rezeptur für Eierstich anhand der durcheinandergebrachten Arbeitsschritte ordnen. Sie beginnen dabei mit dem ersten Arbeitsschritt und ordnen diesem die Ziffer 1 zu.

Beispiel:

Sie stellen Eierstich für eine klare Suppe her. Bringen Sie die nachfolgenden Arbeitsschritte in die fachlich korrekte Reihenfolge.

- [ ] Milch aufkochen und zu den Eiern geben
- [ ] Eier mit Salz und Muskat würzen
- [ ] Eigelb und Eier verrühren
- [ ] Im Wasserbad pochieren
- [ ] Masse in eine gebutterte Porzellanform geben
- [ ] Eierstich abkühlen lassen und in Würfel schneiden

1.3 Zuordnungsaufgabe

Bei diesem Aufgabentyp geht es um die Zusammengehörigkeit bestimmter Angaben. Im folgenden Beispiel sollen Sie also einen Zusammenhang zwischen den Speisen und den Herkunftsländern herstellen, aus denen diese Speisen stammen, oder die man zumindest damit verbindet.

Beispiel:

Für den Einsatz in der „Kleinen Küche“ der Konditorei eignen sich auch viele internationale „Imbissspezialitäten“.

Ordnen Sie die Speisen den jeweiligen Herkunftsländern zu.

① Wrap	a. USA
② Bagel	b. Elsass
③ Tortilla	c. Mexiko
④ Flammkuchen	d. USA
⑤ Bruschetta	e. Italien
⑥ Falafel	f. Dänemark
⑦ Taco	g. Mexiko
⑧ Smörrebröd	h. Naher Osten

1.4 Offene-Antwort-Aufgaben

Hier werden Ihnen keine Wahlmöglichkeiten geboten. Sie antworten frei. Die Beantwortung der Frage kann sich auf einen Begriff beziehen oder auch auf eine Ziffer.

Nicht immer sind die Auswirkungen der Mikrobentätigkeit unerwünscht. Nennen Sie drei Produkte, bei denen Mikroben gezielt zur Herstellung oder Veredlung von Rohstoffen eingesetzt werden.

Diese Art der Aufgaben finden Sie laufend im Buch. Die offenen Fragen schließen sich thematisch an die geschlossenen Aufgaben an. Die Aufgaben sind nicht nummeriert und liefern die Lösung direkt mit. So können Sie die Antworten lernen und sich zum Beispiel selbst testen, indem Sie die Antworten zudecken und dann die Fragen beantworten.

1. ____________________ 2. ____________________ 3. ____________________

2 Prüfungsvorbereitung oder: Wie lerne ich am besten?

2.1 Tipps und Tricks

Die Arbeit mit diesem Prüfungsbuch und dem darin enthaltenen Fragenkatalog führt Sie dazu, sich mit vielfältigen Fragestellungen aus Ihrem Beruf auseinanderzusetzen. Bedeutet dies aber zugleich, dass Sie optimal für die Prüfung vorbereitet sind? Wären Sie auf gleichlautende Antworten gestoßen, wenn Sie die Wahlmöglichkeit der vorgegebenen Antworten nicht gehabt hätten?
Sie kennen diese Art der Fragestellungen sicherlich auch aus der Vorbereitung zur Führerscheinprüfung. Die Tatsache, dass Sie über ein bestimmtes Faktenwissen (Verkehrsregeln beachten, Blinker betätigen, Bremsen vor einem Stoppschild) verfügen, führt noch lange nicht dazu, dass Sie wissen, wie ein Ottomotor funktioniert.
In einer Abschlussprüfung müssen Sie eben beide Aspekte beherrschen. Zum einen gilt es ganze Abläufe, z.B. die Herstellung einer Sachertorte, erklären zu können und zum anderen benötigen Sie exaktes Fachwissen. Bis zu welcher Temperatur darf beispielsweise Kuvertüre erhitzt werden, bevor Sie die Sachertorte überziehen?
Damit kommen wir auf die eingangs gestellte Frage zurück. Dieses Prüfungsbuch bildet also nur einen Schwerpunkt Ihrer Prüfungsvorbereitung ab. Es trainiert Ihr Faktenwissen. Es trainiert es mit der richtigen Technik so, dass Sie es ohne Probleme in umfassendere komplexere Wissenshandlungen einbauen können. Die fachgerechte Herstellung eines Lebkuchenteiges lässt sich nur erklären, wenn die eingesetzten Lockerungsmittel in ihrer Funktion voneinander unterschieden und auf ihre Wirkung auf die Konsistenz des Teiges hin gedeutet werden kann.

2.2 Welcher Lerntyp bin ich?

Bevor Sie mit dem Lernen anfangen, sollten Sie aber wissen, welcher Lerntyp Sie sind. Diese Frage können nur **Sie** beantworten, denn wer hat mehr Erfahrung mit dem Lernen als Sie selbst?
Können Sie besser zuhören als lesen? Können Sie sich den Lernstoff besser merken, wenn Sie ihn sich aufschreiben oder wenn Sie den Lernstoff mit anderen besprechen? Wenn wir lernen, brauchen

wir dazu unsere Sinnesorgane. Wie Sie vielleicht schon gemerkt haben, sind diese Sinnesorgane bei den Lernenden unterschiedlich stark ausgeprägt. Dies bedeutet wiederum, dass es unterschiedliche Lerntypen gibt.
Wichtig für Sie ist es herauszufinden unter welchen Bedingungen Sie optimal gelernt haben, wie Sie am leichtesten gelernt haben oder wann und mit welcher Technik Sie die besten Lernergebnisse vorweisen konnten.
Sind Sie ein Saisonarbeiter oder brauchen Sie zum Lernen völlige Ruhe, viel Musik, Prüfungsdruck oder einfach genügend Zeit und einen klugen Lernplan?
Egal, welcher Lerntyp Sie sind, eines kann mit Sicherheit gesagt werden: Je stärker all Ihre Sinne am Lernen beteiligt sind, desto besser werden Sie lernen und: Je planvoller Ihre Prüfungsvorbereitung ist, desto entspannter und zielgerichteter werden Sie lernen können.
Sie können einen Text über die Herstellung eines Zuckerstückes lesen, Sie können aber auch ein Zuckerstück unter der fachgerechten Anleitung Ihres Meisters herstellen. Sie können aber auch beides tun. Lesen Sie zunächst die Anleitung und üben dann die Herstellung, so werden Sie sich diese nachhaltiger in Theorie und Praxis einprägen können, als wenn Sie nur ein Wahrnehmungsfeld beanspruchen.

2.3 Lernen mit dem Prüfungsbuch

Wenn Sie das vorangegangene Kapitel und auch das Vorwort gelesen haben, wissen Sie schon, worauf es ankommt. Kommen wir nun zur praktischen Umsetzung. Das Prüfungsbuch ist in sogenannte Lernfelder unterteilt, so, wie Sie es auch aus dem Unterricht in der Schule kennen.
Bei der Arbeit mit dem Buch kommt es darauf an, dass Sie das zu erwerbende Faktenwissen möglichst in Ihr Langzeitgedächtnis transferieren. Vielleicht erinnern Sie sich noch an Geschichtszahlen oder Vokabeln aus Ihrer Schulzeit, die Sie seit vielen Jahren immer noch gegenwärtig haben. Genau das ist es, was Sie erreichen müssen. Letztlich ist der Erwerb technologischen Faktenwissens nichts anderes als das Erlernen von Vokabeln. Schauen wir uns zunächst an, wie Sie Ihr „Vokabeltraining“ optimieren können. Entscheidend für den Erfolg ist es, dass Sie das Gelernte so oft in bestimmten Abständen wiederholen, dass es sich unweigerlich ins Langzeitgedächtnis einprägt.

Ein Beispiel dafür, wie eine Lernstrategie aussehen könnte:

1. Schritt	Nehmen Sie das 1. Lernfeld und arbeiten es durch.
2. Schritt	Wiederholen Sie das 1. Lernfeld am darauffolgenden Tag.
3. Schritt	Wiederholen Sie das 1. Lernfeld nach fünf Tagen
4. Schritt	Besonders „hartnäckige“ Fragen, die Sie wiederholt nicht beantworten können, schreiben Sie sich auf eine Karteikarte.

So verfahren Sie mit allen Lernfeldern, indem Sie diese nach und nach durcharbeiten. Die sich häufenden Karteikarten der nicht beantworteten Fragen unterziehen Sie demselben Ritual – Wiederholung in zeitlichen Wochenabständen, wie in den ersten drei Schritten angegeben. Sie können diese Karteikarten aber auch mit der bewährten „Fünf-Fächer-Lernkartei“ bearbeiten. Dies hat zudem den Vorteil, dass Sie weiterführende Fragen aus dem Fachunterricht ergänzen können und so ganz nebenbei aktuelles „Tagesschulwissen“ mit verfestigen.

2.4 „Fünf-Fächer-Lernkartei“

Voraussetzungen

Die sogenannte „Fünf-Fächer-Lernkartei“ kennen Sie vielleicht noch aus dem Schulunterricht, als Sie Englisch oder Lateinvokabeln eingeübt haben. Wenn Sie mit der Lernkartei erfolgreich arbeiten möchten, müssen Sie die folgenden Voraussetzungen mitbringen:

- Sie müssen regelmäßig lernen
- Sie müssen Ihre Karteikarten regelmäßig aktualisieren
- Sie müssen die Wiederholungsphasen bis auf wenige Ausnahmen konsequent einhalten

Sollte Ihnen diese Disziplin fehlen, weil Sie einfach nicht der Lerntyp dafür sind, verzichten Sie auf die Arbeit mit der Lernfächerkartei. Wenn Sie es wagen wollen, erfahren Sie nun, wie die Arbeit mit der Lernfächerkartei funktioniert.

Was brauche ich?

Zunächst besorgen Sie sich einen Karteikasten. Diesen können Sie selbst herstellen oder auch im Bürohandel erwerben. Er sieht ungefähr so aus:

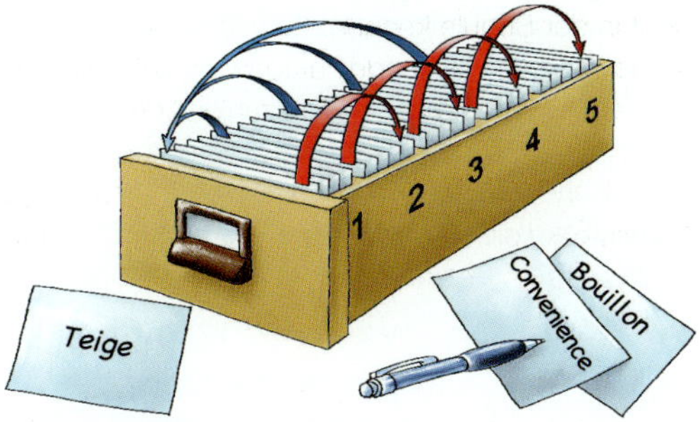

„Fünf-Fächer-Lernkartei“

1. Sie kaufen Karteikarten in der passenden Größe.
2. Sie beschriften die Karteikarten auf der Vorderseite und auf der Rückseite jeweils mit einer Frage und der dazugehörigen Antwort. Dies kann auch eine Zeichnung oder Abbildung sein.
3. Sie prüfen, ob Sie Ihre Frage und Ihre Lösung tatsächlich richtig wiedergegeben haben. Dies geschieht am besten mithilfe des Fachlehrers.
4. Sie bringen alle Karteikarten im 1. Fach unter.

Wie lerne ich?

Alle neu beschrifteten Karten aus dem 1. Fach werden von Ihnen bearbeitet. Wird die Frage richtig beantwortet, wandert die Karte in das 2. Fach. Wird die Frage falsch beantwortet, bleibt sie im ersten Fach. Das zweite Fach wird von Ihnen im Abstand von fünf Tagen bearbeitet. Sie nehmen sich also die Karten aus dem 2. Fach vor und bearbeiten diese ebenso, wie Sie es bereits kennen. Haben Sie die Karten richtig beantwortet, wandern diese Karten in das 3. Fach. Die nicht beantworteten Fragen wandern wieder zurück in das 1. Fach. So verfahren Sie mit allen fünf Fächern.

So könnte die Bearbeitungszeit der Lernfächer-Kartei aussehen:

1. Fach	täglich
2. Fach	alle fünf Tage
3. Fach	alle zehn Tage
4. Fach	alle 20 Tage
5. Fach	alle 4 Wochen

Der Vorteil dieser Lerntechnik besteht darin, dass Sie tatsächlich nur die Fragen und Aufgabenstellungen bearbeiten, die Sie noch nicht beherrschen. Verkürzt formuliert, besteht das Ziel dieser Lerntechnik darin, dass Sie ihr Wissen im Langzeitgedächtnis verankern. Diesem Ziel kommen Sie näher, weil Sie ihr erlerntes Wissen mithilfe der Karteikarten immer wieder auffrischen und so dafür sorgen, dass es nicht in „Vergessenheit“ gerät. Ein weiterer Vorteil dieser Technik besteht darin, dass Sie ihre Karteikarten an jedem Ort bearbeiten können. Hinzu kommt, dass Sie immer nur den Wissensstoff der Karteikarten bearbeiten, den Sie noch nicht beherrschen. Sie tragen also keine unendlichen Karteikartenstapel mit sich herum und blättern diese wahllos von vorne bis hinten durch, um sie zu bearbeiten.
Diese Lernfächerkartei eignet sich nahezu für alle Unterrichtsfächer in Ihrem Ausbildungsberuf.

Wann lerne ich?

Diese Frage können nur **Sie** beantworten. Wenn Sie aber Zeit zum Lernen gefunden haben, sollten Sie einige Hinweise beachten, denn bei allen guten Vorsätzen kommt es zuweilen vor, dass wir trotzdem am Lernen gehindert werden. Folgende Regeln können Ihnen dabei helfen dies zu vermeiden:

- Lernen Sie, wenn möglich, zu bestimmten festgelegten Zeiten
- Vermeiden Sie störende Geräuschkulissen oder wechseln Sie nach Möglichkeit den Lernort
- Schalten Sie Ihr Handy aus
- Gönnen Sie sich Belohnungen, wenn Sie Ihr Lernpensum absolviert haben
- Machen Sie Pausen
- Die Mittagszeit ist eher ungeeignet für konzentriertes Lernen
- Stellen Sie **Ihren** Lernplan auf, d. h., prüfen Sie, wann Sie ohne Störungen lernen können.

Der Lernplan ist nichts anderes als ein Arbeitsablaufplan, ähnlich dem Plan, den Sie auch bei Ihrer praktischen Abschlussprüfung machen werden. Wann wollen (können) Sie was in welchem Umfang lernen? Am nachfolgenden Beispiel können Sie erkennen, dass ein Monat schnell verplant ist, will man tatsächlich seinen Lernplan erfolgreich bewältigen.

2.5 Langfristige Prüfungsvorbereitung

Idealerweise beginnen Sie natürlich nicht erst kurz vor der Prüfung. Hier hilft Ihnen eine Jahresübersicht oder eine Übersicht der letzten sechs Monate Ihrer Ausbildung. Gleich Ihrem Arbeitsablaufplan zur praktischen Prüfung tragen Sie hier alle „Lernstationen“ Ihrer Vorbereitung auf die Theorieprüfung ein. Im Januar wäre dies die 1. Erarbeitung der Lernfelder mithilfe des Übungsbuches.
Anders als in der Klassenarbeit, die sich auf den aktuellen Lernstoff bezieht und der erfahrungsgemäß einige Wochen zurückliegt, müssen Sie für die Gesellenprüfung den Stoff aus drei Ausbildungsjahren abrufen können.
Für diesen Fall müssen Sie den zu erlernenden und auch zu wiederholenden Stoff auf der Ihnen zur Verfügung stehenden Zeit entsprechend aufteilen. Denken Sie daran, dass Sie „nebenher“ noch arbeiten

Juli

Montag	Dienstag	Mittwoch	Donnerstag	Freitag	Samstag	Sonntag
1 Lernfeld 1	2 Lernfeld 2	3 Lernfeld 3	4 Berufsschule	5 Lernfeld 4	6 Freier Tag	7 Freie Zeit
8 Wiederholung Lernfeld 1	9 Wiederholung Lernfeld 2	10 Wiederholung Lernfeld 3	11 Berufsschule	12 Wiederholung Lernfeld 4	13 Freier Tag	14 Freie Zeit
15 Lernfeld 5	16 Lernfeld 6	17 Lernfeld 7	18 Berufsschule	19 Lernfeld 8	20 Freier Tag	21 Freie Zeit
22 Wiederholung Lernfeld 5	23 Wiederholung Lernfeld 6	24 Wiederholung Lernfeld 7	25 Berufsschule	26 Wiederholung Lernfeld 8	27 Arbeitstag	28 Sonntags-dienst
29	30	31	1 Berufsschule	2	3	4

Beispiel eines Monatsplans

müssen. An welchen Tagen dann noch tatsächlich ausreichend Zeit bleibt, sich mit dem Lernstoff intensiv auseinandersetzen zu können, wissen Sie am besten. Bleiben Sie also bei Ihren „Kalendereinträgen" realistisch, wenn es um das Lernen, Begreifen und Erinnern geht.

Am Ende Ihrer Prüfungsvorbereitung werden Sie feststellen, dass Ihr erworbenes Fachwissen (Technologisches Faktenwissen) sich mit zahlreichen anderen Lerninhalten vernetzt. Zusammenhänge werden klarer und verständlicher. Nun geht es nur noch darum, dieses Faktenwissen mit dem notwendigen Handlungswissen zu verknüpfen. Dabei hilft Ihnen die tägliche Praxis im Betrieb oder auch der Unterricht in der Schule.

◄ **Januar** ►

Mo	Di	Mi	Do	Fr	Sa	So
31	1	2	3	4	5	6
7	8	9	10	11	12	13
14	15	16	17	18	19	20
21	22	23	24	25	26	27
28	29	30	31	1	2	3
4	5	6	7	8	9	10

Beginn der Vorbereitung im Januar

3 Die theoretische und praktische Zwischenprüfung

3.1 Die Theorieprüfung

Die Anforderungen für die Zwischenprüfung sind einheitlich geregelt. Für die theoretische Prüfung gilt also, dass Sie in höchstens 150 Minuten schriftliche Aufgaben bearbeiten sollen, die Sie im ersten Ausbildungsjahr und in der ersten Hälfte des zweiten Ausbildungsjahres gemäß dem Rahmenlehrplan im Berufsschulunterricht erlernt haben.

In der Theorieprüfung sollen Sie zeigen, dass Sie

- Arbeitschritte planen können
- Arbeitsmittel festlegen können
- Rohstoffe beurteilen können
- Mengen bestimmen können
- Dekorationselemente entwerfen können
- lebensmittelrechtliche Vorschriften berücksichtigen können

3.2 Die praktische Zwischenprüfung

Was wird von Ihnen in der praktischen Prüfung erwartet? Hier sollen Sie zeigen, dass Sie

- Arbeitsschritte planen können
- Arbeiten entsprechend durchführen können
- Arbeitsergebnisse kontrollieren und beurteilen können

Ferner gilt es folgende Aspekte zu beachten:

- Hygiene
- Umweltschutz
- Wirtschaftlichkeit
- Arbeitssicherheit
- Gesundheitsschutz
- Kundenorientierung

In höchstens vier Stunden sind Sie gefordert, zwei praktische Aufgaben zu bearbeiten. Die Aufgabenstellung bezieht sich dabei auf die folgenden Bereiche:

1. Herstellen eines gefüllten und dekorierten Konditoreierzeugnisses aus Teig.
2. Herstellen eines gefüllten Konditoreierzeugnisses aus Masse.
3. Herstellen eines kleinen Gerichtes aus frischen Rohstoffen.

3.3 Aufgaben zur praktischen Zwischenprüfung

Nachfolgend finden Sie ein Aufgabenbeispiel und eine Bewertungsvorlage zur praktischen Zwischenprüfung.

Aufgabe 1

a) Stellen Sie pikant gefüllte Croissants von 250 Gramm Mehl her.
Die Füllung ist frisch herzustellen. Es dürfen keine vorgefertigten Füllungen verarbeitet werden. Die restlichen Croissants sind verkaufsgerecht zu präsentieren.

b) Richten Sie zwei Teller mit jeweils zwei warmen Croissants und einer Salatbeilage an.

Arbeitsaufgabe 1	Gewichtung in %
Arbeitsweise	20 %
Handwerklichkeit	30 %
Gestaltung/Kreativität	10 %
Geschmack	30 %
Präsentation	10 %

Aufgabe 2

Stellen Sie eine Cremetorte oder ein Formstück (ca. 26 cm Durchmesser) her.

Die Cremetorte oder das Formstück:

- sind mit Creme zu füllen und einzustreichen,
- müssen ausgarniert werden,
- sind mit Ornamenten aus Brandmasse oder Kuvertüre zu verzieren,
- müssen mit einem Schriftschild versehen werden.

Creme und Böden werden gestellt. Die Tischdekorationen sind mitzubringen.

Arbeitsaufgabe 2	Gewichtung in %
Arbeitsweise	20 %
Handwerklichkeit	30 %
Gestaltung/Kreativität	40 %
Präsentation	10 %

In der theoretischen Zwischenprüfung können Sie nicht durchfallen. Sie gilt allenfalls als Momentaufnahme Ihres aktuellen Leistungsstandes. Gleichwohl verweist sie auf die möglichen Lernbereiche, die Sie in naher Zukunft noch genauer bearbeiten sollten.

3.4 Die schriftliche Abschlussprüfung

Die schriftliche Abschlussprüfung besteht aus den folgenden Prüfungsbereichen:

Entwerfen und Zeichnen von Konditoreierzeugnissen	90 Minuten
Warenwirtschaft, Produktionstechnik und Hygiene	120 Minuten
Betriebswirtschaftliches Handeln	90 Minuten
Wirtschaft und Sozialkunde	60 Minuten

Die Prüfung ist bestanden, wenn Sie in allen Prüfungsbereichen die Note ausreichend erzielt haben.

- Das gilt für die praktische Prüfung.
- Das gilt für die Aufgabe 2 (Hochzeitstorte oder Formstück).
- Das gilt für die theoretische Prüfung.
  - Die Prüfung ist nicht bestanden, wenn Sie in einem der theoretischen Prüfungsfächer eine ungenügende Leistung erbringen.
  - Die Prüfung ist nicht bestanden, wenn Sie im Mittelwert der theoretischen Prüfungsleistung mangelhafte Ergebnisse erzielen, also weniger als 50 Punkte nach dem IHK-Schlüssel erreichen.
  - Die Prüfung ist nicht bestanden, wenn im praktischen Prüfungsteil die Aufgabe 2 (Torte oder Formstück) mit mangelhaft bewertet wurde.

3.5 Mündliche Nachprüfung

Auf Antrag kann der Prüfling eine mündliche Nachprüfung beantragen, wenn die Aussicht besteht, dass der Prüfling die Gesellenprüfung insgesamt noch bestehen kann.
Dabei wird die schriftliche Prüfung und die mündliche Prüfung im Verhältnis von 2 : 1 gewichtet.

Der IHK-Schlüssel

Punkte	Note
100–92	sehr gut
91–81	gut
80–67	befriedigend
66–50	ausreichend
49–30	mangelhaft
29– 0	ungenügend

Beispiel:

In der Theorieprüfung hat der Prüfling 40 Punkte nach dem IHK-Schlüssel erreicht.
Die schriftliche Prüfung wird zweifach, die mündliche Prüfung einfach gewichtet.

2 x 40 Punkte = 80 Punkte + 70 Punkte = 150 Punkte.
Der Prüfling muss also noch 70 Punkte in der mündlichen Prüfung erreichen, um die Prüfung zu bestehen.

Darüber hinaus sind nicht alle Prüfungsteile in der schriftlichen Prüfung gleich gewichtet:

Entwerfen und Zeichnen von Konditoreierzeugnissen	25 % der Prüfungsleistung
Warenwirtschaft, Produktionstechnik und Hygiene	30 % der Prüfungsleistung
Betriebswirtschaftliches Handeln	25 % der Prüfungsleistung
Wirtschaft und Sozialkunde	20 % der Prüfungsleistung

3.6 Aufgaben in der praktischen Gesellenprüfung

Die Gesellenprüfung ist, wie nicht anders zu erwarten, ein wenig anspruchsvoller. So haben Sie in der praktischen Prüfung höchstens 12 Stunden Zeit, um Ihre Arbeitsaufgaben zu erfüllen. Diese verteilen sich wie folgt:

Eine Arbeitsaufgabe aus dem Aufgabenbereich A
Zwei Arbeitsaufgaben aus dem Aufgabenbereich B

Bei der Arbeitsaufgabe A können Sie wählen zwischen dem

1. Herstellen einer Drei-Etagen-Festtagstorte nach vorgegebenem Thema einschließlich der Dokumentation der Planung und Durchführung und dem
2. Herstellen eines Formstücks entsprechender Größe nach vorgegebenem Thema einschließlich der Dokumentation der Planung und Durchführung.

Die Arbeitsaufgabe B bezieht sich auf die Auswahl der nachfolgend genannten Bereiche:

1.) Herstellen eines kleinen Gerichtes, einschließlich Suppe und Dessert
2.) Herstellen von Erzeugnissen aus Teig oder Masse
3.) Herstellen einer Konfektmischung aus Teegebäck und Pralinen einschließlich des Garnierens, Dekorierens und Präsentation

Nachfolgend finden Sie die Anforderungen, die in einer praktischen Gesellenprüfung gestellt werden können.

Arbeitsaufgabe A: Gesellenstück

Herstellen einer Drei-Etagen-Festtagstorte zum Thema Hochzeit, einschließlich der Dokumentation und Durchführung.

Der Durchmesser der Torten kann wie folgt bestimmt werden:
26 cm/20 cm/16 cm

Eine aus sensorischen oder visuellen Gründen unverkäufliche Torte muss mit der Note mangelhaft bewertet werden und führt zum Nichtbestehen der Prüfung.

Nur die Böden für die 26-cm-Torte sind während der Prüfung anzufertigen (Anschlagen, Backen) Die mitgebrachten Böden müssen identisch mit den angeschlagenen Böden sein.

Gefordert wird eine **Deutsche Buttercreme, Fertigcremes sind ausgeschlossen.** Alle Produkte sind während der Prüfung herzustellen. Die Creme muss ausreichend sichtbar sein.
Eine Dekorkapsel ist erlaubt, aber nur bis zu $^1/_3$ der Tortenrandhöhe.
Aus einer der 3 Torten wird ein Probestück zur Bewertung geschnitten.

Dekoration

Es werden Ornamente passend zum Thema gefordert.

Wahlweise aus:

- Schokolade
- Eiweißglasur
- Brandmasse
- Hippenmasse oder Hapiolamasse

Eine Dekorkapsel darf verwendet werden
Die 20er- und die16er-Torte[1] können mit Marzipan eingedeckt werden.

Aufsatz

Es wird ein Aufsatz passend zum Thema gefordert.

Wahlweise aus:

- Schokolade
- Karamell
- Eiweißglasur
- Krokant

Handmodelliertes Marzipan

Passend zum Thema sind zwei Blumen oder Figuren zu modellieren.

Schriftschild

Es ist passend zum Thema ein Schriftschild herzustellen. Wahlweise aus:

- Kuvertüre
- Marzipan
- Krokant
- Karamell

1 Gemeint ist hier der Durchmesser der Torte in Zentimetern

Herstellen eines kleinen Gerichtes, einschließlich Suppe und Dessert

Suppe	Herstellung einer Suppe aus frischen Zutaten
Omelette	Herstellung einer Quiche oder eines Omelettes
Eis	Herstellung einer Eisspeise

Prüfungsaufgabe: Eisdessert

Teegebäck

Drei Sorten je 20 Stück
- Mürbteig
- Spritzmürbteig
- Makronenmasse

Teegebäck zur Abschlussprüfung

Pralinen

Drei Sorten je 15 Stück
- Canachepralinen
- Marzipanpralinen
- Mandelsplitter

Pralinenmischung zur Abschlussprüfung

3.7 Allgemeine Prüfungshinweise

Die erbrachten Leistungen sind auf einem Tisch verkaufsgerecht zu präsentieren.
Die „zugelassenen Zeichnungen 2 x A 3“ müssen auf dem Tisch präsentiert werden, ebenso die Rezeptmappe mit der Kalkulation der Torte sowie Schilder mit der Verkehrsbezeichnung der Produkte. Nach Abschluss der praktischen Arbeit erfolgt in einem mündlichen Prüfungsgespräch eine Erläuterung der erbrachten Leistungen durch den Prüfling.
Die Kreativität, die Vielfalt und der Schwierigkeitsgrad der erbrachten Leistungen beeinflussen die Benotung der gesamten Prüfung.
Übermengen an mitgebrachten Rohstoffen sowie Materialvergeudung führen zum Punktabzug in allen Prüfungsteilen.

3.8 Beispiel einer Bewertungsvorlage der praktischen Gesellenprüfung

Nachfolgend finden Sie eine Bewertungsvorlage, die für die praktische Abschlussprüfung der Konditoren eingesetzt wird.

Abschlussprüfung der Konditoren
Beispiel einer Bewertungsvorlage für die praktische Gesellenprüfung

Prüfling: Carl Canache					Gewichtung der einzelnen Prüfungsteile in Prozent
		Prüfer 1	Prüfer 2	Prüfer 3*	
Arbeitsaufgabe A1:	**Festtagstorte**				
	Gewichtung	Punkte	Punkte	Punkte	
Arbeitsweise & Handwerklichkeit	30 %	10	10	70	
Gestaltung/Kreativität	30 %	100	100	100	50 %
Geschmack	20 %	100	100	100	
Präsentation-Tisch, Vortrag	20 %	100	100	100	
Arbeitsaufgabe B1:	**Kleine Küche**				
	Gewichtung	Punkte	Punkte	Punkte	
Arbeitsweise & Handwerklichkeit	30 %	100	20	20	
Gestaltung/Kreativität	20 %	100	20	20	25 %
Geschmack	40 %	100	100	20	
Präsentation	10 %	100	100	20	
Arbeitsaufgabe B2:	**Teegebäck**				
	Gewichtung	Punkte	Punkte	Punkte	
Arbeitsweise & Handwerklichkeit	30 %	100	100	100	
Gestaltung/Kreativität	30 %	100	100	100	
Geschmack	30 %	100	100	100	
Präsentation	10 %	100	100	100	
Arbeitsaufgabe B3:	**Pralinenmischung**				25 % (B2 und B3)
	Gewichtung	Punkte	Punkte	Punkte	
Arbeitsweise & Handwerklichkeit	30 %	100	100	100	
Gestaltung/Kreativität	20 %	100	100	100	
Geschmack	40 %	100	1	100	
Präsentation	10 %	100	100	100	

* Es können auch fünf Prüfer eingesetzt werden.

Bewertungsvorlage zur Abschlussprüfung

Prüfungstisch zur Gesellenprüfung

Ihre praktische Prüfung ist bestanden, wenn jeweils in der praktischen und schriftlichen Prüfung sowie innerhalb der praktischen Prüfung in der Arbeitsaufgabe A mindestens ausreichende Leistungen erbracht worden sind. Werden die Prüfungsleistungen in einem fachbezogenen Prüfungsbereich mit „ungenügend“ bewertet, ist die Prüfung nicht bestanden.

4 Aufgabenstellungen nach Lernfeldern

4.1 Unterweisung einer neuen Mitarbeiterin/eines neuen Mitarbeiters

Hygiene

Unzureichende hygienische Arbeitsbedingungen in der Backstube führen zur Gefährdung des Verbrauchers. Der Großteil der verursachten Krankheitsfälle wird durch Salmonellen hervorgerufen. Dies sind jedoch nicht die einzigen Verursacher von Lebensmittelvergiftungen und Lebensmittelinfektionen. Eitererreger, Fäulnisbakterien, Schimmel und auch das Vorhandensein von Schädlingen in der Backstube können zu gesundheitlichen Folgeschäden führen. Eine einwandfreie hygienische Verarbeitung der Lebensmittel und die Beachtung aller notwendigen Hygienevorschriften sind für alle Backstubenmitarbeiter verpflichtend.
Die Hauptursache für den Verderb von Lebensmitteln sind die Mikroorganismen. Hier unterscheidet man die folgenden Mikrobenarten:

Mikrobenarten

- Eubakterien
- Hefen
- Schimmelpilze

Allerdings erst, wenn man ihre Lebensbedingungen kennt, kann man die Ursachen erkennen, die zum Verderb von Lebensmitteln bzw. Rohstoffen führen. Und erst dann lassen sich Maßnahmen ergreifen, um sie erfolgreich zu bekämpfen.

Die Lebensbedingungen der Mikroben im Überblick

Mikroben erfordern an Lebensbedingungen

- Nahrung
- Milieu (pH-Wert)
- Temperatur
- Feuchtigkeit (a_w-Wert)
- Sauerstoff

Mikroorganismen lassen sich unterscheiden. Nennen Sie fünf mögliche Begriffe, die allgemein zur Unterscheidung von Mikroben genutzt werden.

- Hefen
- Schimmmelpilze
- Botulinus-Bazillen
- Bakterien
- Mikrokokken

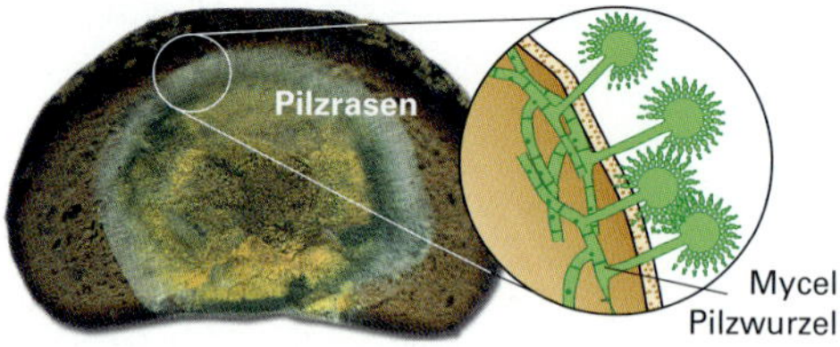

Verschimmeltes Brot

Frage: Ihr Auszubildender sieht, dass das Brot an einigen Stellen vom Schimmel befallen ist, und möchte den Schimmel herausschneiden. Sie sprechen ihn an und erklären ihm, warum das nicht ausreichend ist.

Antwort: Es reicht nicht, die betroffenen sichtbaren Stellen zu entfernen, da der Schimmelpilz zahlreiche feine, für das Auge unsichtbar, Fäden gebildet und das Brot bereits durchdrungen hat. Dabei sind bereits giftige Stoffwechselprodukte, sogenannte Mykotoxine, entstanden. Das Brot muss also als Ganzes entsorgt werden.

1. Welche Aussage zu den Bakterien ist zutreffend?
Bakterien der Gattungen Clostridium und Bacillus...
Kreuzen Sie die zutreffende Antwort an.

1. vermehren sich nur bei Dunkelheit.
2. können bis zu 2 cm groß werden.
3. können Sporen bilden.
4. vermehren sich durch Sprossung.
5. kommen nur in fließenden Gewässern vor.

2. Welche der folgenden Aussagen zu den Hefen ist zutreffend?
Hefen... *Ergänzen Sie den Satz.*

1. sind Einzeller.
2. vermehren sich durch Zellteilung.
3. wachsen am schnellsten bei einer Temperatur von 70 Grad Cellsius.
4. sind vorwiegend anaerobe Organismen.
5. sind verantwortlich für Bombagen.

Welche grundlegenden Lebensbedingungen müssen vorhanden sein, damit sich Kleinstlebewesen optimal entwickeln können?

- pH-Wert
- Nahrung
- Sauerstoff
- Temperatur
- Feuchtigkeit

3. Das Wachstum von Mikroben wird auch durch das Milieu bestimmt. Welche der folgenden Aussagen ist zutreffend? *Ergänzen Sie die zutreffende Antwort.*

Ob ein Lebensmittel...

1. sauer ist, wird von der Höhe des Sauerstoffgehalts bestimmt.
2. basisch ist, wird vom a_w-Wert bestimmt.
3. sauer oder basisch ist, wird vom pH-Wert bestimmt.
4. neutral ist, wird durch die Wasserhärte bestimmt.
5. sauer ist, wird von der Höhe des verwendeten Essigs bestimmt.

4. Mikroben lassen sich auch nach ihrem Sauerstoffbedarf einteilen. Welche der folgenden Aussagen ist zutreffend?

1. Aerobier benötigen keinen Sauerstoff.
2. Anaerobier benötigen Sauerstoff.
3. Arachnophobier benötigen Stickstoff.
4. Phobier leben ohne Sauerstoff.
5. Fakultative Anaerobier leben mit und ohne Sauerstoff.

Nicht immer sind die Auswirkungen der Mikrobentätigkeit unerwünscht. Nennen Sie drei Produkte, bei denen Mikroben gezielt zur Herstellung oder Veredlung von Rohstoffen eingesetzt werden.

- Käse
- Weinherstellung
- Bierherstellung

5. Mikroben kommen in bestimmten Umgebungen vor. Die Staphylokokken kommen … *Ergänzen Sie den Satz.*

① im Erdreich vor.
② vereinzelt auf der Haut des Menschen vor.
③ vorwiegend in der Luft vor.
④ im Darm von Haustieren vor.
⑤ in geschlossenen Konserven vor.

6. Das Botulismus-Bakterium ist eine seltene Form des pathogenen Keimes. Welche der folgenden Aussagen zum Botulismus ist nicht zutreffend? Das Botulismus-Bakterium... *Ergänzen Sie den Satz.*

① kann widerstandsfähige Sporen bilden.
② übersteht kurzfristig Temperaturen von 115 Grad Celsius.
③ führt beim Verzehr zu Atemlähmungen.
④ ist an der Geruchs- und Gasbildung erkennbar.
⑤ kann bei 75 Grad Celsius abgetötet werden.

7. Was verstehen Sie unter dem sogenannten „kritischen Bereich“ bei der Verarbeitung von Lebensmitteln? Unter dem „kritischen Bereich“ versteht man... *Ergänzen Sie den Satz.*

① die Anzahl der gesundheitsgefährdenden Mikroben.
② den Arbeitsbereich, bei dem man mit Mikroben in Kontakt kommt.
③ den Temperaturbereich, der für Mikroben für die Vermehrung ideal ist.
④ die Kühltemperaturen, die man beim Einfrieren beachten sollte.
⑤ den Ausgabenbereich von Speisen, der sauber gehalten werden muss.

8. Beim Erstellen eines HACCP-Konzeptes sollte man planvoll vorgehen. Bringen Sie die nachstehenden Punkte in die richtige Reihenfolge.

① Festlegung von Steuerungs- und Korrekturmaßnahmen.
② Einrichtung eines Dokumentationssystems.
③ Gefahrenanalyse und Risikobeurteilung.
④ Festlegung kritischer Grenzwerte.
⑤ Überprüfung der Wirksamkeit des Konzeptes.
⑥ Erkennen von CCPs.
⑦ Aufbau und Einsatz eines Prüf- und Überwachungssystems.

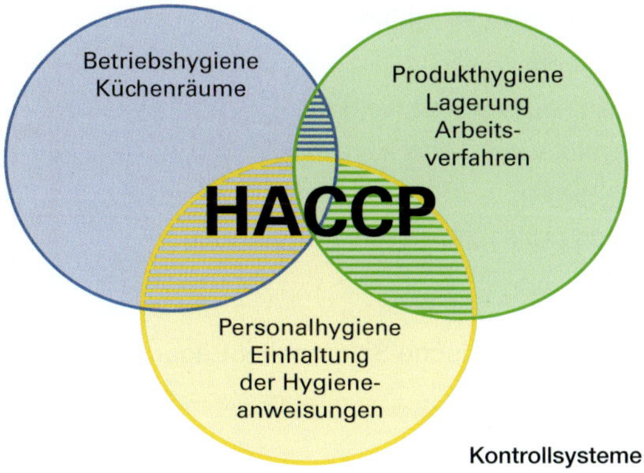

Kontrollsysteme des HACCP-Konzeptes

9. **Bei der Verarbeitung von Lebensmitteln ist auf die Gefährdung durch eine mögliche Kreuzkontamination zu achten. Sie bezeichnet die...**

1. Übertragung pathogener Keime von einem Lebensmittel auf ein anderes Lebensmittel.
2. Kontrolle in Warenlager und Küche.
3. Kontrolle kontaminierter Lebensmittel durch ein Kreuz.
4. Infektion durch kontaminierte Lebensmittel.
5. die Anzahl der Kreuzbakterien auf einem eiweißreichen Lebensmittel.

10. **Sie lagern tiefgefrorene Lebensmittel im Tiefkühlhaus. Wie hoch/tief muss die Mindesttemperatur sein?**

Antwort: ______________________________

11. **Welche Aussage über tiefgefrorene Waren ist zutreffend?**

1. Die Tiefkühlkette muss unterbrochen werden, wenn die Temperatur fällt.
2. Die Tiefkühlkette darf nicht unterbrochen werden.
3. Angetaute Lebensmittel dürfen innerhalb von 6 Stunden wieder eingefroren werden.
4. Es dürfen nur Lebensmittel eingefroren werden, die schon gefroren waren.
5. Die Tiefkühltemperatur muss mindestens –36 Grad Celsius betragen.

12. **Für die schnelle Küche sollen Sie Pommes frites aus der Tiefkühltruhe verarbeiten. Beim Aufreißen der Tüte bemerken Sie eine Vielzahl von Eiskristallen. Wie kann das Vorhandensein der Eiskristalle erklärt werden?**

1. Es hat während des Transports geschneit.
2. Die Eiskristalle wurden schon bei der Herstellung mit eingefroren.
3. Die Eiskristalle wurden absichtlich hinzugefügt, damit die Ware länger haltbar ist.
4. Die Eiskristalle stellen ein Qualitätsmerkmal dar.
5. Die Tiefkühlkette wurde während des Transports unterbrochen.

13. Im Trockenlager stellen Sie Schimmelbefall fest. Was ist zu tun?

1. Für die Desinfizierung muss ein Kammerjäger kommen.
2. Das Regal muss sofort entfernt und durch ein neues ersetzt werden.
3. Das Regal ist zu säubern und mit einem keimtötenden Mittel zu reinigen.
4. Das Gesundheitsamt ist unmittelbar zu informieren.
5. Die Produktion muss gestoppt werden, um zu prüfen, ob weitere Regalbretter infiziert wurden.

14. Welche der nachfolgenden Lebensmittel gelten als typische Salmonellenträger?

1. Eis
2. Brot
3. Räucherfisch
4. Eier
5. Weintrauben
6. Hackfleisch
7. Marmelade
8. Schokolade
9. Marzipan

15. Erklären Sie sinngemäß die Kurzform HACCP.

HACCP	wörtlich
H = Hazard	= Gefahr, Risiko
A = Analysis	= Analyse,
C = Critical	= kritisch
C = Control	= Kontroll-
P = Points	= Punkte

Antwort: ____________________

16. Sie stellen einen Reinigungsplan auf. Ordnen Sie die nachfolgenden Begriffe den Fragewörtern zu.

(1) Was?	(a) Woche
(2) Wann?	(b) Regal
(3) Wo?	(c) Kühlhaus
(4) Womit?	(d) Reinigen
(5) Wie?	(e) Desinfektionsmittel
(6) Wer?	(f) Auszubildender

17. Die Einhaltung der Hygienevorschriften ist für alle lebensmittelverabeitenden Betriebe von großer Bedeutung. Dabei unterscheidet man drei Bereiche voneinander

(1) Produkthygiene
(2) Lieferantenhygiene
(3) Arbeitsgerätehygiene
(4) Abfallhygiene
(5) Personalhygiene
(6) Transporthygiene
(7) Verkaufshygiene
(8) Betriebshygiene
(9) Kundenhygiene

Die Personalhygiene umfasst auch die Auswahl der richtigen Arbeitskleidung. Bestimmen Sie die Kennzeichen einer angemessenen Arbeitskleidung für den Konditoren.

- Konditorjacke
- Karierte Hose
- Schürze
- Kopfbedeckung oder Kopfnetz
- Arbeitsschuhe (fest und rutschsicher)

Arbeitskleidung in der Backstube

18. Aus welchem Material sollte die Arbeitskleidung bestehen?

- Idealerweise besteht die Arbeitskleidung aus atmungsaktiver, kochfester Baumwolle und nicht aus Kunstfasern, da diese leicht brennbar und nicht atmungsaktiv ist.

19. Zur Überprüfung eines möglichen Schädlingsbefalls wird ein Schädlingsmonitoring durchgeführt. Darunter versteht man...

1. die Bildaufzeichnung der Backstube mithilfe einer Wärmekamera.
2. die Bildaufzeichnung der Backstube mithilfe einer Videokamera.
3. die Geräuschaufzeichnung mithilfe eines Richtmikrofons.
4. eine Durchführung und Dokumentation schädlingsbekämpfender Maßnahmen.
5. die Überwachung der Backstube durch Mitarbeiter des Gesundheitsamtes.

20. Um festzustellen, ob die Backstube von Schädlingen befallen ist, werden je nach Schädlingsart sogenannte Pheromonfallen aufgestellt. Dabei handelt es sich um...

1. Fallen, die mit einem Köder und Klappmechanismus versehen sind.
2. Fallen mit Sexuallockstoffen.
3. Fallen, die mit einer Haftschicht versehen sind.
4. elektrisch gesteuerte Fallen, die zu bestimmten Tageszeiten geschlossen werden.
5. verkleinerte „Mausefallen“ mit denen die Amerikanische Großschabe gefangen wird.

Schädlinge in der Backstube

Schädling	Vorkommen	Schadwirkung
Silberfisch	warme, feuchte Orte (Spülbeckenbereich usw.)	meist nicht zu erkennen
Mehlmotte	Rohstoffe im Lager, Mehl, Mandeln, Haferflocken	Verklumpung in rieselfähigen Rohstoffen
Schabe	warme und feuchte Orte, in schwer zugänglichen Ritzen und Fugen	Schaben sind nachtaktiv und kaum wahrnehmbar, verunreinigte Lebensmittel; sind Schaben am Tag sichtbar, lässt dies ggf. auf einen hohen Schabenbefall schließen
Mäuse	Magazin, Lager	Fraßspuren und Kot
Mehlkäfer	Lager, Mehllager	Fraßschäden, Mehlklumpen
Fliege	nahezu überall, wenn keine Schutzvorrichtungen, wie Fliegengitter eingerichtet werden	Übertragung von Krankheitserregern

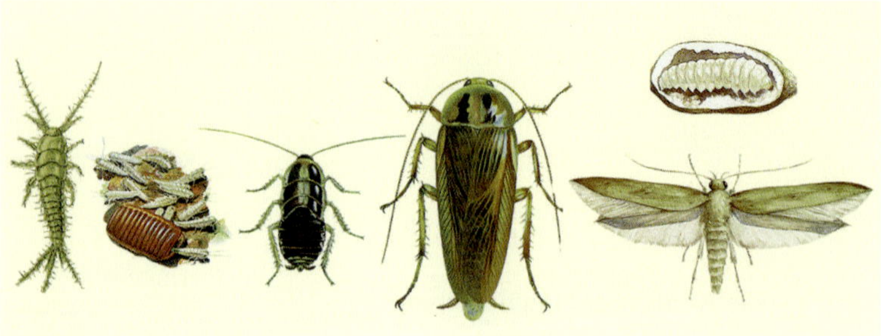

Schädlinge in der Backstube

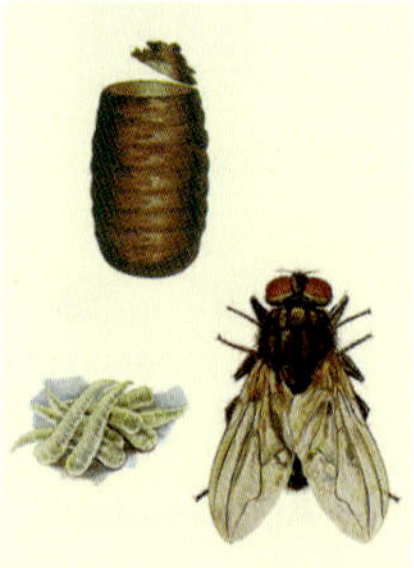

Beispiel für Fraßspuren an Weizenkörnern

21. Nennen Sie sechs vorbeugende Maßnahmen, die gegen Schädlingsbefall ergriffen werden können.

- Rohstoffe in geschlossenen Behältern aufbewahren
- Rohstoffe zeitnah verbrauchen
- Fliegengitter installieren
- Pheromonfallen auslegen
- Vorratshaltung sauber und übersichtlich halten
- Abfälle sofort entsorgen

Klebefalle

22. Die Produktionsräume in der Backstube müssen bestimmte Anforderungen erfüllen. Welche?

Nennen Sie je drei Anforderungen an die

(a) Produktionsräume
(b) Arbeitsgeräte
(c) Sanitäranlagen

zu (a)
- glatte, leicht zu säubernde Wände
- Einfache Möglichkeiten der Belüftung
- Verwendung von Insektengittern
- Trennung von Produktions- und Sanitärräumen
- Geflieste Wände bis zu einer Höhe von 2 Metern

zu (b)
- Arbeitstische aus Nirosta
- Leicht zu reinigende Arbeitsflächen
- Holztische, die ausschließlich für die Teigverarbeitung genutzt werden
- Messer, Paletten mit Kunststoffgriffen

zu (c)
- Handwaschbecken in ausreichender Anzahl
- Verwendung von Papierhandtüchern
- Verwendung von Seifenspendern und Desinfektionsmittel
- Berührungsfreie Armaturen

23. Damit Schmutzansammlungen vermieden werden können, werden sogenannte Hohlkehlen genutzt. Dabei handelt es sich um …

(1) einen ebenerdigen Hohlraum im Fußboden, der als Schädlingsfalle dient.
(2) ein abgerundetes Hörnchen, mit dem man die Ecken säubern kann.
(3) einen abgerundeten Übergang zwischen dem Boden und der Wand.
(4) einen aufblasbaren Luftsack, der zur Sammlung von Speiseabfällen eingesetzt wird.
(5) ein hohles Tongefäß, das mit einer Nährlösung versehen wird, um festzustellen, wie hoch der Schädlingsbefall in der Backstube ist.

24. Will man feststellen, wie es um die mikrobiologische Sauberkeit in der Backstube steht,

1. wird eine Speichelprobe der Mitarbeiter genommen.
2. werden die Fingernägel einer Sichtkontrolle unterzogen.
3. wird eine Abklatschprobe der Backstubenmitarbeiter genommen.
4. wird die Personalhygiene stichprobenartig untersucht.
5. wird eine Nährlösung im Froster eingefroren und nach drei Tagen untersucht.

25. Werden Lebensmittel von Schimmelpilzen befallen, so …

1. müssen diese vor dem Verzehr unbedingt vom Schimmel befreit werden.
2. können diese erst nach eingehender Prüfung verzehrt werden, da es sich um Oberflächenschimmel handelt.
3. müssen diese kurzzeitig in der Mikrowelle erhitzt werden, um die Schimmelsporen abzutöten.
4. so müssen diese bei –18 Grad Celsius tiefgefroren werden, um die Schimmelsporen abzutöten.
5. können diese hochgiftige Mykotoxine enthalten.

**26. Will man die Eignung der zum Verkauf stehenden Backwaren überprüfen, bieten sich folgende Prüfmethoden an.
Welche der nachfolgenden Prüfmethoden zählt nicht dazu?**

1. Kostprobe
2. Lichtprobe
3. Geruchsprobe
4. Tastprobe
5. Sichtprobe

27. Sie erhalten eine Warenlieferung. Welcher der nachfolgend genannten Begriffe ist bei der Einlagerung von Waren zu beachten?

1. MHD
2. pH-Wert
3. a_w-Wert
4. CCP-Grenzwert
5. Fi-Fo

**28. Sie sind bei der Warenannahme und erhalten eine Lieferung tiefgefrorener Früchte.
Worauf werden Sie zuerst bei der Warenannahme achten? Sie …**

1. prüfen das Mindesthaltbarkeitsdatum.
2. prüfen, ob die Ware unbeschädigt ist.
3. wiegen einzelne Packungen nach.
4. prüfen die Eingangstemperatur der Ware.
5. prüfen den Bestellschein und vergleichen die Lieferadresse mit der Bestelladresse.

**29. Ihr Meister bittet Sie, einen Reinigungsplan aufzustellen.
Nennen Sie fünf mögliche Punkte, die in Ihrem Reinigungsplan enthalten sind.**

- Maschine oder Raum, der gereinigt wird
- Zeitpunkt der Reinigung
- verwendete Reinigungsmittel
- Zuständigkeit für die Reinigung
- Kontrolle der Reinigungsmaßnahmen und Dokumentation

Reinigungsplan Konditorei

Geräte Arbeitsflächen, Regale	Häufigkeit	Hilfsmittel	Person	Kalenderwoche	Unterschrift nach Erledigung:
Kühlhaus	täglich	Reinigungsmittel	Azubi Heinz	8	
Magazin	wöchentlich	Reinigungsmittel	Azubi	8	
Sahnebläser	täglich	heißes Wasser und und Reinigungsmittel	Heike	8	
Kuvertüregerät	täglich	Vliestuch, Hörnchen	Heike	8	
Gaskocher	täglich	Drahtbürste und Reinigungsmittel	Heike	8	
Stikken	wöchentlich	Schwamm und Reinigungsmittel	Franz	8	
Regale	täglich	Reinigungsmittel	Franz	8	
Schubladen	wöchentlich	Reinigungsmittel	Franz	8	

**30. Ihr HACCP-Konzept im Betrieb sieht eine Hygieneschulung vor.
Diese Schulung...**

(1) kann einmal im Jahr erfolgen.
(2) muss einmal im Jahr erfolgen.
(3) muss nur bei der Einstellung eines neuen Mitarbeiters erfolgen.
(4) wird als Schulungstermin vom Gesundheitsamt festgelegt.
(5) ist freiwillig.

**31. Während der Warenannahme stellen Sie fest, dass Teile der Walnusslieferung schimmelig geworden sind.
Sie ...**

(1) sortieren die schimmeligen Nüsse aus.
(2) verlangen vom Lieferanten eine Preisminderung.
(3) reinigen die Nüsse und verarbeiten sie sofort.
(4) lehnen die Annahme der Ware ab.
(5) frieren die Nüsse ein, um die Mikroorganismen abzutöten.

Die Personalhygiene stellt einen wichtigen Baustein für ein funktionierendes Hygienekonzept dar. Welche hygienischen Grundsätze sollten von jedem Mitarbeiter beachtet werden?

Stellen Sie fünf Regeln auf, die beachtet werden müssen.

- In der Backstube ist kochfeste Kleidung zu tragen, Konditorenjacke und Hose.
- Uhren und Schmuck sind während der Arbeit abzulegen.
- Persönliche Körperhygiene ist täglich durchzuführen.
- Eine geeignete Kopfbedeckung ist zu tragen.
- Besonderer Wert ist auf das Händewaschen zu legen
  - vor Arbeitsbeginn,
  - zwischen wechselnden Arbeitsgängen, Reinigung und Herstellung,
  - nach dem Toilettengang,
  - nach dem Umgang mit Eiern,
  - bei Erkältungskrankheiten, Niesen und Husten.

32. **Bei einer günstigen Umgebungstemperatur teilen sich die Bakterien jeweils nach 20 Minuten.**

Wie viele Keime können aus einem Keim nach 6 Stunden durch Vermehrung entstehen?

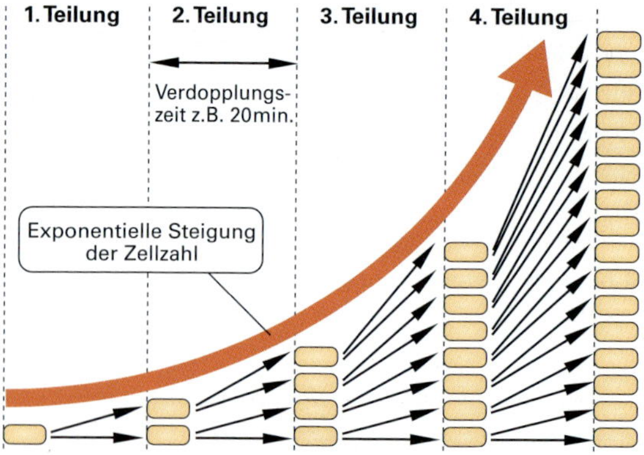

Abbildung: Vermehrung von Mikroben

Antwort: ______________________

____

____

33. **Viele Konditoreiprodukte besitzen einen hohen a_w-Wert, der wiederum einen schnellen Verderb der Produkte begünstigt. Bestimmen Sie aus der nachfolgenden Auswahl die Produkte, die dagegen einen geringen a_w-Wert besitzen.**

1. Buttercremetorte
2. Erdbeertorte
3. Mürbeteiggebäck
4. Vanilleplunder
5. Pasteten
6. Sahnetorte

Die Backstube birgt viele Gefahrenquellen. Zählen Sie fünf Gefahrenquellen auf.

- Fehlerhafte Beleuchtung
- Fehlende Sicherheitseinrichtungen an den Knetmaschinen
- Nasser und rutschiger Fußbodenbelag
- Nichtbefolgen von Sicherheitsanweisungen der Arbeitsgeräte
- Unsachgemäßes Arbeiten usw.

34. Lang anhaltendes Stehen und Arbeitsabläufe, die den Körper einseitig beanspruchen, führen häufig zu Erkrankungen der Mitarbeiter in der Backstube. Der Begriff, der sich mit den Arbeitsbedingungen des Menschen beschäftigt, lautet

(1) Radiologie
(2) Ergonomie
(3) Allergologie
(4) Sinologie
(5) Paradontologie

Unfallgefahren in der Backstube sind allgegenwärtig. Die Arbeitssicherheit ist daher von besonderer Bedeutung. Zählen Sie fünf mögliche Gefahrenquellen in der Backstube auf.

- Nasser Fußboden
- Heiße Bleche im Stikken
- Falsches Schuhwerk ohne rutschsichere Sohlen
- Umgehen der Schutzvorrichtungen bei Maschinen
- Unsachgemäßer und unvorsichtiger Umgang mit Frittiergeräten und Gaskochern

35. Sie kommen in die Backstube und stellen fest, dass sich die Fritteuse entzündet hat. Wie verhalten Sie sich?

Kennzeichnen Sie die zwei zutreffenden Verhaltensregeln.

(1) Sie löschen die Fritteuse mithilfe eines großen Wassereimers.
(2) Sie unterbrechen die Stromzufuhr für die Backstube, indem Sie den Hauptschalter auf null stellen.
(3) Sie laufen zur Mehlkammer und schütten eine Schaufel Mehl in die Fritteuse.
(4) Sie rufen die Feuerwehr.
(5) Sie schließen die Fritteuse nach Möglichkeit mit einem Deckel ab.
(6) Sie verlassen die Backstube.

Eine brennende Fritteuse mit Wasser zu löschen, ist besonders gefährlich. Warum?

Löscht man brennendes Fett mit Wasser, verwandelt sich das Wasser sofort zu Wasserdampf und reißt das Fett aus der Friteuse mit sich und erhöht die Verbrennungsgefahr.

Abbildung: Brennendes Fett

36. **Für die Unfallverhütung ist das Wissen um die Bedeutung der Gefahrenzeichen unverzichtbar.**

Welche der unter Punkt 1–12 genannten Erklärungen ist falsch?
*Notieren Sie die **vier** falschen Ziffern.*

1. Feuergefährliche Stoffe
2. Ätzende Stoffe
3. Schutzhandschuhe tragen
4. Achtung Röntgenstrahlen
5. Musik hören verboten
6. Hinweis auf Erste Hilfe
7. Handfeuerlöscher
8. Feuer und offenes Licht verboten
9. Fluchtweg
10. Giftige Stoffe
11. Rauchen nur nach Absprache
12. Wasser nicht trinkbar

Abbildung: Gefahrenzeichen

37. **Ihr Arbeitskollege fügt sich eine Schnittwunde zu. Sie leisten sofort Erste Hilfe.**
Ergänzen Sie den Satz. ***Dabei …***

1. bringen Sie Ihren Kollegen sofort in die stabile Seitenlage.
2. decken Sie ihn sofort mit einer warmen Decke zu, um ihn vor der Unterkühlung zu schützen.
3. verständigen Sie sofort den Notarzt.
4. messen Sie unverzüglich den Puls des Verletzten.
5. verbinden Sie die Wunde Ihres Kollegen sofort mithilfe eines keimfreien Verbandes und bei starker Blutung mit einem Druckverband.

In der Backstube wird häufig mit kleinen Küchenmessern gearbeitet, deren Klingen zudem noch sehr biegsam sind. Diese Messer bergen eine hohe Verletzungsgefahr.

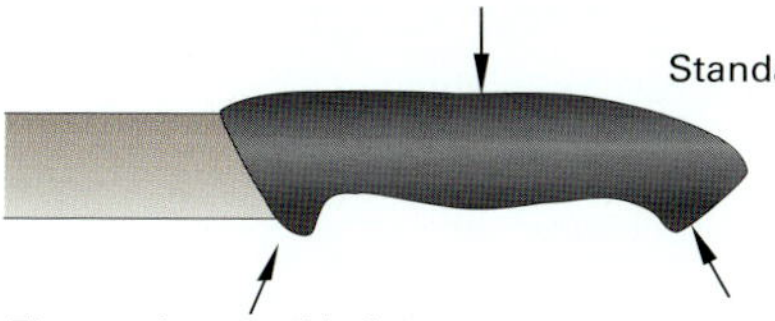

Abbildung:
Sicherheitsmerkmale eines Messers

Für Konditoren eignen sich für den Einsatz in der kleinen Küche die folgenden Messer.

Küchenmesser

Konditormesser

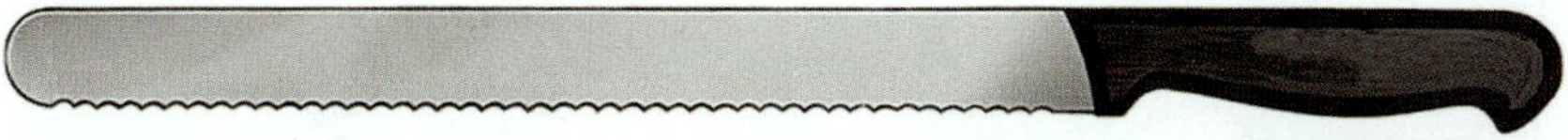

Officemesser

Geeignete Arbeitsmesser in der Konditorei

Der Umgang mit Messern ist in der Backstube und auch in der „Kleinen Küche" besonders gefährlich.

Zählen Sie vier unfallverhütende Regeln auf, die beim Umgang mit Messern berücksichtigt werden sollten.

- Messer dürfen nicht in das Spülbecken gelegt werden.
- Beim Gebrauch muss der Griff des Messers trocken sein.
- Herunterfallende Messer dürfen nicht aufgefangen werden.
- Messer dürfen mit der offenen Klinge nicht auf dem Tisch liegen.

Nennen Sie vier weitere Merkmale, die ein gutes Messer für den Gebrauch in der Konditorei auszeichnen.

- Die Messerkomponenten (Heft und Kopf) sind aus einem Stück gefertigt und bergen keine Unebenheiten und Lücken, so dass sich keine Mikroorganismen darin absetzen können.
- Das Messer bietet in der Hand einen festen Halt, so dass man nicht abrutschen kann.
- Ein gutes Messer bleibt bei entsprechender Pflege lange scharf.
- Ein gutes Messer ist rostbeständig.

38. Ordnen Sie die nachfolgenden Unfälle den möglichen „Erstbehandlungsmethoden“ zu.

1. Platzwunde nach einem Sturz
2. Verbrennung durch auslaufendes Frittierfett
3. Schockzustand nach einer schweren Verletzung
4. Stromschlag an einer defekten Steckdose
5. Wespenstich

a) Mit Wasser oder Gelkissen kühlen
b) Stachel entfernen, bei allergischen Reaktionen sofort einen Arzt aufsuchen
c) Beengende Kleidung öffnen, Frischluftzufuhr ermöglichen
d) Stromkreis unterbrechen
e) Keimfreien Verband anlegen

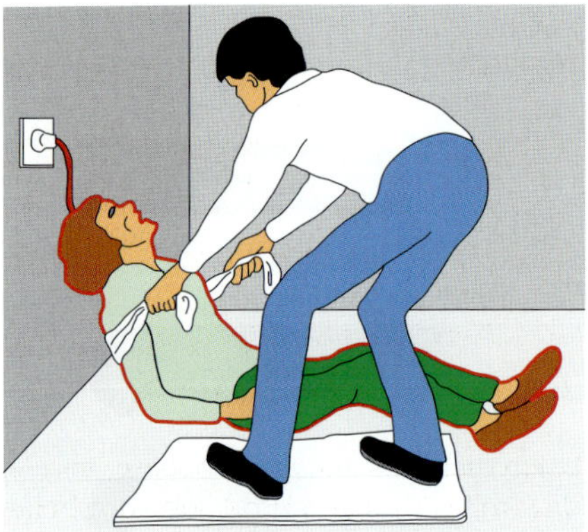

Rettung bei einem Stromunfall

39. Eine Kundin wird im Café ohnmächtig. Welche der nachfolgend genannten Maßnahmen ist vom Servicepersonal durchzuführen?

1. Es wird geprüft, ob die Rechnung der Kundin schon bezahlt wurde.
2. Man informiert umgehend den Notarzt und wartet bis zum Eintreffen des Arztes vor dem Café.
3. Die Kundin in die stabile Seitenlage bringen, um die Atemwege freizuhalten.
4. Die Kundin in die stabile Rückenlage bringen, um die Atmung zu aktivieren.
5. Die Kundin in die Bauchlage bringen, um den Kreislauf zu stabilisieren.

40. Damit unnötige Arbeitsbelastungen für die Mitarbeiter in der Backstube vermieden werden können, berücksichtigt man die ergonomischen Grundlagen.

Ergänzen Sie den Satz.

Darunter versteht man...

1. die Anpassung des Menschen an die Arbeitsbedingungen.
2. die Einrichtung des Arbeitsplatzes nach den Wünschen der Mitarbeiter.
3. die Anpassung der Arbeitsbedingungen an den Menschen.
4. die Gestaltung der Backstube nach den Erkenntnissen der Farbenlehre.
5. die Aufteilung der Arbeitsräume und Laufwege von Rein zu Unrein.

Beschicken des Ofens

41. **Verfolgt man die Einrichtung eines Betriebes nach ergonomischen Grundsätzen, so lassen sich folgende Ziele erreichen:**

Welche der nachfolgenden Aussagen trifft nicht zu?

1. Die Arbeitszeit lässt sich verkürzen.
2. Die Unfallgefahr lässt sich senken.
3. Arbeitsprozesse lassen sich optimieren.
4. Einseitige, körperliche Arbeitsbelastungen lassen sich reduzieren.
5. Die Mitarbeiterzufriedenheit steigt.

Das Qualitätsversprechen in der Konditorei bezieht sich nicht nur auf die Produkte, sondern immer häufiger auch auf die Art und Weise, wie und womit wir unsere Produkte verarbeiten.

Der Schutz der Umwelt ist daher in verantwortungsvollen Konditoreien von großer Bedeutung. So lässt sich allein durch die Trennung des Mülls bereits die Belastung für die Umwelt senken.

Energieeinsparung, z. B.

- vernünftiges Heizen,
- sachgerechtes Lüften,
- Beachten der Saisonzeiten bei Lebensmitteln.

Rohstoffeinsparung, z. B.

- Verwendung von Mehrwegpackungen,
- Verzicht auf überflüssige Verpackungen.

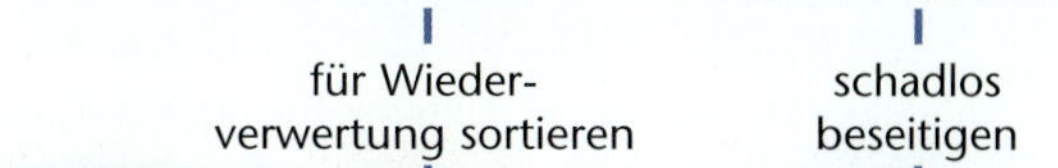

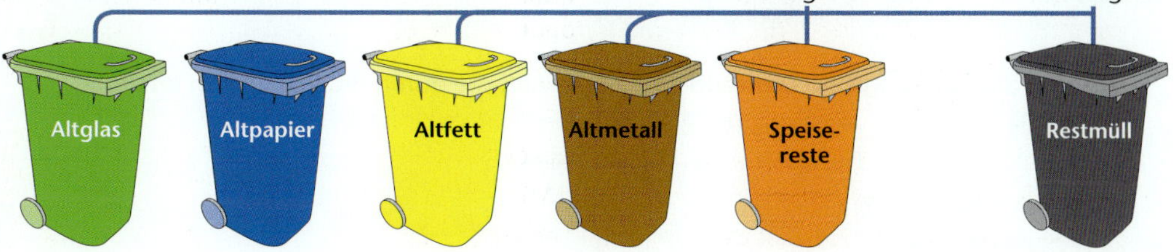

42. Welche der nachfolgend genannten Abfälle gehören ausschließlich in die Restmülltonne und können nicht weiterverarbeitet werden?

(1) Porzellan
(2) Glühbirnen
(3) Speisereste
(4) Kaugummi
(5) Kronkorken
(6) Batterien
(7) Rasierklingen
(8) Computerplatine
(9) Zeitung
(10) Zigarettenschachteln
(11) Pizzakartons
(12) Schaumstoff

43. Auf manchen Verpackungen finden Sie diese Abbildung. Welche der Aussagen ist richtig?

Der grüne Punkt …

(1) kennzeichnet Verpackungen, die einer Wiederverwertung zugeführt werden.
(2) ist eine alljährliche Auszeichnung des Bundes für besonders umweltschonende Verpackungen.
(3) ist ein geschütztes Markenzeichen der biologischen Abfallwirtschaft.
(4) kennzeichnet ausschließlich Papierprodukte, die in der Papiertonne gesammelt werden.
(5) ist ein freiwilliger Zusammenschluss von Kunststoffherstellern, die für eine umweltfreundliche Entsorgung ihrer Produkte eintreten.

Zählen Sie fünf mögliche Umweltbelastungen auf, die durch die Produktion entstehen können.

- Emissionen durch Transportwege und Herstellung
- Abwasserbelastung
- Abfallerzeugung
- Zerstörung der Ozonschicht durch Treibhausgase
- Bodenversiegelung durch Industrieanlagen

Nennen Sie vier Möglichkeiten, die zu einer umweltgerechteren Produktion von Backwaren beitragen.

- Einsatz regionaler Produkte
- Einsatz saisonaler Produkte
- Einsatz biologischer Produkte
- Einsatz von Produkten mit einer positiven Ökobilanz

44. Manchmal fragen kritische Kunden nach der Ökobilanz der Backwaren. Darunter versteht man...

(1) die Bewertung der umweltgerechten Erstellungskosten eines Produktes.
(2) den Einsatz schonender Arbeitstechniken für Mensch und Umwelt.
(3) die Erfassung und Bewertung aller mit einem Produkt verknüpften Umweltauswirkungen.
(4) den Einsatz ökologischer Anbaumethoden für die Hauptrohstoffe.
(5) den ethisch vertretbaren Einsatz von Pestiziden in Ländern der „3. Welt“.

Das sollten Sie nach der Bearbeitung des 1. Lernfeldes wissen:

1. Sie kennen Maßnahmen zur Arbeitssicherheit und zur Unfallverhütung.
2. Sie kennen die zentralen Hygienebestimmungen und können diese anwenden.
3. Sie erkennen die Notwendigkeit nachhaltiger Produktionsabläufe und prüfen mögliche Auswirkungen auf den Verbraucher und auf die Umwelt.

Platz für eigene Notizen

4.2 Grundlagen der Ernährung, Herstellen einfacher Teige und Massen

Ernährung und Inhaltsstoffe

Bei der Herstellung von Backwaren folgen wir in der Regel den Herstellungs- und Rezepturhinweisen des Meisters oder eines erfahrenen Gesellen. Was aber, wenn das Ergebnis nicht zufriedenstellend ist? Anders als der Laie muss der Konditor wissen, wie sich bestimmte Zutaten in der Rezeptur oder Zubereitungstechnik auf das Backergebnis auswirken. Warum muss ein Teig geknetet werden, warum wird das Mehl gesiebt, das Vollei bei der Herstellung einer Wiener Masse zunächst erwärmt? Darüber hinaus möchten gesundheitsbewusste Kunden genau über die Inhaltsstoffe unserer Backwaren informiert sein.
Um diese beiden Fragenkomplexe zu beantworten, müssen wir wissen, wie die Rohstoffe zusammengesetzt sind, müssen ihre Bausteine kennen und müssen wissen, wie sie unter bestimmten Bedingungen reagieren. Beschäftigen wir uns zunächst mit den Inhaltsstoffen unserer Nahrung.

Ernährung

Inhaltsstoffe unserer Nahrung im Überblick

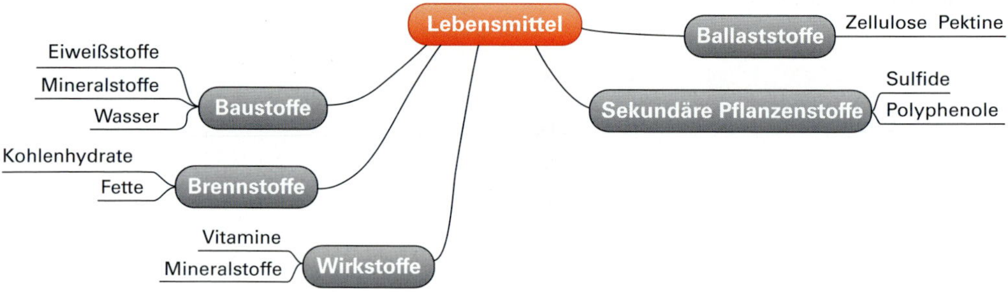

Ernährung und Stoffwechsel

Was passiert eigentlich, wenn wir Nahrung zu uns nehmen? Die Nahrungsaufnahme dient dem Körper als Energiegewinnung und zum Aufbau körpereigener Stoffe. Der Stoffwechsel ist also nichts anderes als die Verarbeitung und Verwertung von pflanzlichen oder tierischen Lebensmitteln. Der Körper zerlegt sie durch die Verdauungsvorgänge in ihre Bestandteile. Die verwertbaren Bestandteile bezeichnet man als Nährstoffe. Die nicht verwertbaren werden wieder ausgeschieden.

Der Stoffwechsel im Detail:

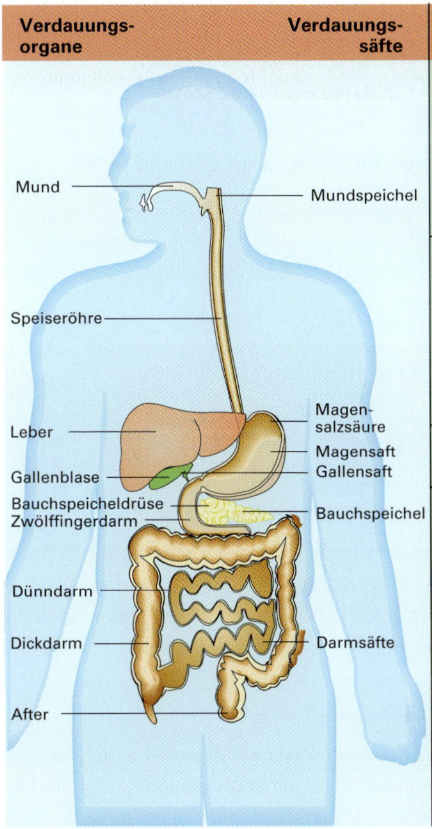

Verdauungsvorgänge		
Kohlenhydrate	**Eiweiß**	**Fett**
Enzyme des Mundspeichels beginnen mit dem Abbau der Stärke.		
	Salzsäure und Proteasen leiten im Magen den Eiweißabbau ein.	
		Gallensaft emulgiert Fett zu feinsten Tröpfchen.
Enzyme der Bauchspeicheldrüse zerlegen Zuckerstoffe weiter. Enzyme des Darmsaftes zerlegen restlichen Zweifach- zu Einfachzucker.	Enzyme in Bauchspeichel und Darmsaft zerlegen die Eiweißteile zu Aminosäuren.	Das Enzym Lipase aus Bauchspeicheldrüse spaltet Fett in Glycerin und Fettsäuren.
Einfachzucker werden vom Blut aufgenommen.	Aminosäuren werden vom Blut aufgenommen.	Glycerin und Fettsäuren werden von der Lymphbahn aufgenommen.

1. Erläutern Sie die Funktionen der einzelnen Verdauungsorgane. Decken Sie den rechten Teil der Seite ab.

(1) Mund	(a) Zerkleinerung und Einspeichelung der Nahrung, Abbau der Kohlenhydrate
(2) Magen	(b) Nahrung wird durch Verdauungssäfte, Säure und Enzyme in kleinere Einheiten zerlegt
(3) Zwölffingerdarm	(c) Speisebrei wird mit den Verdauungssäften aus der Bauchspeicheldrüse vermengt und zersetzt Kohlenhydrate, Eiweißstoffe und Fette
(4) Dünndarm	(d) Die Nährstoffe gehen in die Blutbahn über
(5) Bauchspeicheldrüse	(e) Enzyme der Bauchspeicheldrüse, wie z. B. Amylasen, zerlegen Kohlenhydrate
(6) Dickdarm	(f) Im Dickdarm wird das Wasser resorbiert (aufgesaugt), damit der menschliche Körper nicht zu viel Flüssigkeit verliert

2. Welches Ziel „verfolgt“ die Verdauung?

- Sie baut Vielfachzucker zu Einfachzucker ab.
- Sie baut Fette zu Glycerin und Fettsäuren ab.
- Sie baut Eiweißstoffe zu Aminosäuren ab.

3. Erläutern Sie die Aufgabe, die Fette im menschlichen Körper erfüllen und wie Fette im menschlichen Körper abgebaut werden.

- Fette liefern doppelt so viel Energie wie Kohlenhydrate.
- Fette werden durch den Gallensaft in feinste Tröpfchen zerlegt und durch fettspaltende Enzyme (Lipasen) in Glycerin und Fettsäuren gespalten.

4. Erklären Sie die Bedeutung von Eiweißstoffen für die menschliche Ernährung.

- Sie dienen dem Körper zum Aufbau und zur Erhaltung des Organismus.
- Eiweißstoffe (Enzyme) steuern den gesamten Stoffwechsel.

5. Welche Bedeutung haben Kohlenhydrate für die menschliche Ernährung?

- Kohlenhydrate dienen der Energiezufuhr. Insbesondere benötigen die Gehirnzellen Einfachzucker als Energielieferanten. Ein kleiner Teil der Kohlenhydrate kann vom Körper in der Leber und der Muskulatur als Glykogen zwischengespeichert werden. So dient dieser Speicher z. B. als Energiereserve für Ausdauersportarten.

6. Welche Bedeutung haben Vitamine für die menschliche Ernährung?

- Vitamine können vom Körper nur unzureichend aufgebaut werden und müssen mit der Nahrung zugeführt werden. Sie erfüllen zahlreiche Aufgaben, wie z. B. Infektionsabwehr, Blutbildung, Nachbildung von Körperzellen usw.

7. Welche Aufgaben erfüllen Mineralstoffe im menschlichen Körper?

- Sie sind bedeutsam für den Knochenaufbau, Zähne oder haben z. B. Einfluss auf die Blutgerinnung (Kalium), den Sauerstofftransport im Blut (Eisen). Sie müssen dem Körper über die Nahrung zugeführt werden.

8. Vitamine lassen sich nach ihrer Löslichkeit unterscheiden. Wie?

- fettlösliche Vitamine
- wasserlösliche Vitamine

9. Erläutern Sie den Begriff Resorption mithilfe der Abbildung 2, s. S. 39.

- Darunter versteht man die Aufnahme (Resorption) von Nährstoffen durch die Darmwand, die dann in die Blutbahn und das Lymphsystem übergehen.

10. Was sind Enzyme?

- Enzyme sind Eiweißstoffe, die andere Stoffe auf- oder abbauen, ohne sich selbst zu verändern oder zu verbrauchen.

11. Erklären Sie den Begriff „essenziell" vor dem Hintergrund der Ernährungslehre.

- Essenzielle Nährstoffe können vom menschlichen Körper nicht selbst gebildet werden. Sie müssen über die Nahrung zugeführt werden.

12. Um die notwendige Körperwärme zu erzeugen, braucht der Mensch Energie. Welche Inhaltsstoffe der Lebensmittel können dazu genutzt werden? Kreuzen Sie die zwei zutreffenden Angaben an.

① Vitamine
② Kohlenhydrate
③ Mineralstoffe
④ Fett
⑤ Zellulose
⑥ Enzyme

13. In der Ernährungslehre wird die Bedeutung der essenziellen Aminosäuren besonders hervorgehoben.

Ergänzen Sie den Satz. **Darunter versteht man …**

① säurehaltige Ballaststoffe, die für den Menschen unverdaulich sind.
② Eiweißstoffe, die vom Körper selbst erzeugt werden.
③ Eiweißstoffe, die ohne Wirkung vom Körper ausgeschieden werden.
④ die Säure, die im Magensaft enthalten ist.
⑤ unverzichtbare Eiweißbausteine, die der Mensch durch die Ernährung aufnehmen muss.

14. Kohlenhydrate sind die wichtigsten Energielieferanten für den Körper.

Die in der Nahrung enthaltenen Kohlenhydrate werden durch Enzyme zu Einfachzuckern abgebaut.

Ergänzen Sie den Satz.

Zu den Kohlenhydrat spaltenden Enzymen gehört die Enzymgruppe der …

(1) Amylasen
(2) Proteasen
(3) Lipasen
(4) Oxidasen
(5) Sorbitstoffe

15. *Ergänzen Sie den Satz.*

Traubenzucker, der vom Körper nicht zur Energiegewinnung benötigt wird, kann kurzfristig …

(1) in Stärke
(2) in Zellulose
(3) in Fruchtzucker
(4) in Dextrin
(5) in Glykogen

… umgewandelt werden.

16. Ordnen Sie die nachfolgenden Mineralstoffe den Aufgaben zu, die diese im menschlichen Körper erfüllen.

(1) Magnesium	(a) Muskelfunktionen
(2) Calcium	(b) Knochenaufbau
(3) Eisen	(c) Sauerstofftransport
(4) Kalium	(d) Entgiftung
(5) Phosphat	(e) Aufbau von Zähnen/Knochen

17. Ernährung und Stoffwechsel sind nicht voneinander zu trennen.

Ergänzen Sie den Satz.

Unter dem Begriff Stoffwechsel versteht man …

(1) den erhöhten Grundumsatz bei veganer Kost.
(2) den optimalen Leistungsumsatz bei eiweißreicher Kost.
(3) die Umsetzung der aufgenommenen Nährstoffe in Energie und den Aufbau von Stoffen im Körper.
(4) die Speicherung der Fette in Fettdepots.
(5) den Verbrauch energiereicher Kost bei schwerer körperlicher Arbeit.

18. *Ergänzen Sie den Satz und kreuzen Sie die **zwei** zutreffenden Antworten an.*
Glykogen ist ein Vielfachzucker und ...

1. wird in Leber- und Muskelzellen aufgebaut und gespeichert.
2. wird bei körperlicher Belastung zu Dextrinen abgebaut.
3. wird nur bei der Unterversorgung von Kohlenhydraten gespeichert.
4. wird nur bei einem verminderten Grundumsatz ausgeschieden.
5. wird durch die ausreichende Zufuhr von Ballaststoffen gebildet.
6. dient dem Körper als kurzfristige Energiereserve.

19. **Der menschliche Körper benötigt Energie, um seine Lebensfunktionen aufrechtzuerhalten.**
Ergänzen Sie den Satz

Dabei unterscheidet man .... .

1. den Einsatz vom Bausatz.
2. den Grundumsatz vom Leistungsumsatz.
3. den Leistungsanspruch vom Grundansatz.
4. die verbrauchte Energie von der umgesetzten Energie.
5. den Energieumsatz vom Leistungssatz der Energiemenge.

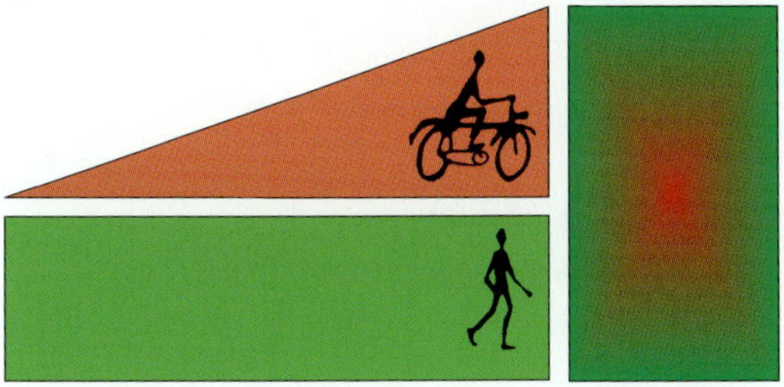

Energieverbrauch

20. **Für den Energiebedarf gilt:**
Benennen Sie die zwei zutreffenden Antworten.

1. Je höher der Energiebedarf, desto höher ist der Gesamtumsatz.
2. Je schwerer die körperliche Arbeit, desto höher ist der Leistungsumsatz.
3. Je geringer der Grundumsatz, desto höher ist der Energiebedarf.
4. Je höher der Energiebedarf, desto höher ist der Grundumsatz.
5. Je geringer der Grundumsatz, desto höher ist der Leistungsumsatz.
6. Je leichter die körperliche Arbeit, desto niedriger ist der Grundumsatz.

21. **Die Stoffwechselvorgänge im menschlichen Körper werden von Enzymen gesteuert.**
Welche der nachfolgenden Aussagen kennzeichnet die Funktion von Enzymen?

1. Enzyme sind universell. Jedes Enzym kann verschiedene Nährstoffe abbauen.
2. Enzyme sind Biokatalysatoren, die nur pflanzliche Nährstoffe abbauen.
3. Enzyme sind Mikroorganismen, die nur bei einem pH-Wert von 2 aktiv werden.
4. Enzyme sind hoch spezialisiert. Sie können nur einen Nährstoff aufbauen oder umbauen.
5. Enzyme werden ausschließlich bei der alkoholischen Gärung aktiv.

22. **Die in der Nahrung enthaltenen Nährstoffe müssen in ihre kleinsten Bausteine zerlegt werden. Ordnen Sie die entsprechenden Bausteine den nachfolgenden Nährstoffen zu.**

(1) Aminosäuren
(2) Einfachzucker
(3) Glycerin und Fettsäuren

(a) Kohlenhydrate
(b) Eiweißstoffe
(c) Fette

23. *Ergänzen Sie den Satz.*
Kohlenhydrate sind für den menschlichen Körper unverzichtbar, denn sie ...

(1) regen die Verdauung an.
(2) transportieren den Sauerstoff.
(3) lösen fettlösliche Vitamine.
(4) liefern Energie.
(5) haben viele essenzielle Aminosäuren.

Vollkornbrot

24. *Ergänzen Sie den Satz.*

Häufig spricht man bei der Ernährung von biologisch hochwertigem Eiweiß.

Das bedeutet, dass das ...

(1) Eiweiß umweltverträglich ist.
(2) Eiweiß hautsächlich im biologischen Landbau gewonnen wurde.
(3) Eiweiß mit dem Bio-Siegel versehen wurde.
(4) Eiweiß dem Körpereiweiß des Menschen am ähnlichsten ist.
(5) Eiweiß ausschließlich von „Veganern“ im Rahmen eines biologischen Speiseplans verzehrt wurde.

Wasser ist unverzichtbar für den Menschen. Welche Aufgaben erfüllt das Wasser im menschlichen Körper?

- Es ist Baustoff
- Es ist ein Transportmittel

Ergänzen Sie den Satz mit dem passenden Begriff.

Kohlenhydrate liefern Energie. Konditoreiprodukte sind außerordentlich kohlenhydratreich. Die Bildung von Kohlenhydraten erfolgt in der Pflanze durch die ...

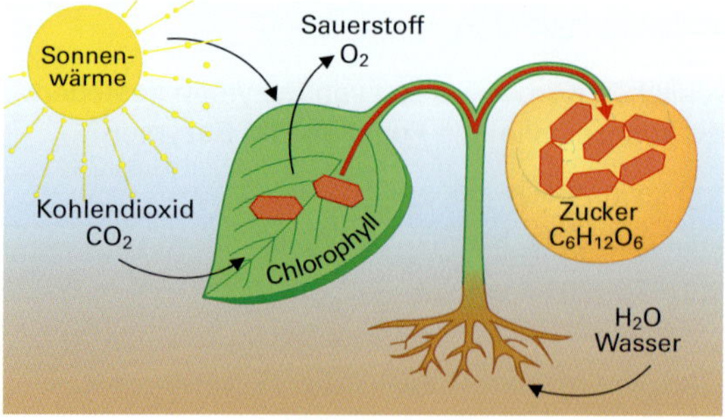

Fotosynthese

25. *Ergänzen Sie den Satz und kreuzen Sie die zwei zutreffenden Sätze an.*

Werden dem Körper zu viele Kohlenhydrate zugeführt,

1. werden diese Kohlenhydrate in Form von Glykogen in der Leber gespeichert.
2. werden Überschüsse in Körperfett umgewandelt und führen zum Übergewicht.
3. werden diese ohne Folgen aus dem Körper ausgeschieden.
4. werden diese abgebaut und als eiserne Reserve im Blutkreislauf gehalten.
5. werden diese alle verbraucht.
6. werden diese als Vielfachzucker in der Niere gespeichert.

Übergewicht

26. Enzyme sind Spezialisten, wenn es darum geht Nährstoffe abzubauen. Ordnen Sie die nachfolgenden Enzyme den entsprechenden Stoffwechselvorgängen zu.

(1) Amylase	(a) Fettabbau
(2) Protease	(b) Stärkeabbau
(3) Lipase	(c) Eiweißabbau

27. *Ergänzen Sie den Satz.*

Aus anorganischen Stoffen bildet die Pflanze zunächst (als 1. Produkt) mithilfe des Sonnenlichts und des Blattgrüns (Chlorophyll) …

1. Glukose
2. Maltose
3. Laktose
4. Stärke
5. Zellulose

28. Die für die Ernährung bedeutsamen Einfachzucker lassen sich nach ihrer Süßkraft unterscheiden. Ordnen Sie die Einfachzucker der angegebenen Süßkraft zu.

(1) Galaktose	(a) Schwache Süßkraft
(2) Fruktose	(b) Mittlere Süßkraft
(3) Glukose	(c) Starke Süßkraft

29. Einfachzucker verfügen über spezifische Eigenschaften. *Ergänzen Sie die* ***zwei*** *zutreffenden Sätze.*
Sie …

1. sind wasserlöslich.
2. sind durch Hefe vergärbar.
3. müssen erst abgebaut werden, damit sie ins Blut gelangen können.
4. sind in der Zuckerrübe und im Honig enthalten.
5. werden auch als Saccharose bezeichnet.
6. haben eine gleichmäßig starke Süßkraft.

30. In der Konditorei wird häufig auch der so genannte Invertzucker verarbeitet.
Ergänzen Sie den Satz.

Dabei handelt es sich …

1. um eine Mischung aus Trauben- und Fruchtzucker.
2. um einen Vielfachzucker, wie z. B. Stärke.
3. um Milchzucker, der auch in der Muttermilch vorkommt.
4. um ein Abbauprodukt der Stärke.
5. um Glykogen, das zu Glukose abgebaut wird.

31. Viele Menschen ernähren sich „vegan“.
Ergänzen Sie den Satz. **Vegan ernährt sich, …**

1. wer Vollwertkost zu sich nimmt.
2. wer sich ausschließlich von pflanzlichen Rohstoffen ernährt.
3. wer nur ungegarte Lebensmittel zu sich nimmt.
4. wer sich nur mit Rohkost ernährt.
5. wer sich ovo-lakto-vegetarisch ernährt.

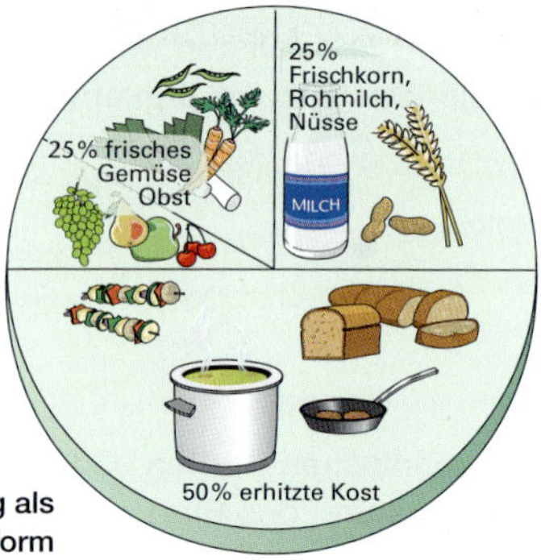

Vollwerternährung als lakto-vegetabile Ernährungsform

32. Für Diabetiker ist eine genaue Kenntnis des Nährstoffgehalts von Lebensmitteln bedeutsam. Sie rechnen daher mit sogenannten BE-Einheiten. *Ergänzen Sie den Satz.*
Eine Broteinheit bezeichnet …

1. 20 g Eiweiß
2. 100 g Fleisch
3. 12 g Kohlenhydrate
4. 150 g Honig
5. 48 g Mineralstoffe

33. Bei bestimmten Krankheitsbildern werden die Broteinheiten berechnet.
Ergänzen Sie den Satz.

Dies geschieht bei …

(1) Verdauungsproblemen (Verstopfung)
(2) Diabetes
(3) Herz-Kreislauferkrankungen
(4) Bluthochdruck
(5) Rückenbeschwerden

34. Bei Diabetikern ist ein körpereigener Wirkstoff nur sehr eingeschränkt verfügbar.
Ergänzen Sie den Satz. **Es handelt sich dabei um …**

(1) Insulin
(2) Amylase
(3) Lactase
(4) Maltase
(5) Lipase

Die Bausteine der Fette bestehen aus Glyzerin und Fettsäuren.

35. *Ergänzen Sie den Satz.* **Bei der Fettbildung …**

(1) verbinden sich drei Glyzerinmoleküle mit einem Fettsäuremolekül.
(2) verbindet sich jeweils ein Glyzerinmolekül mit einem Fettsäuremolekül.
(3) stoßen sich Fettsäuremoleküle und Glyzerinmoleküle ab.
(4) verbindet sich ein Glyzerinmolekül mit drei Fettsäuremolekülen.
(5) verbinden sich Fettsäuremoleküle und Glyzerinmoleküle, unter Zugabe von Wasser.

36. Fettsäuren lassen sich in gesättigte und ungesättigte Fettsäuren unterscheiden.
Bestimmen Sie die zutreffende Aussage.

(1) Gesättigte Fettsäuren sind nur in tierischen Fetten enthalten.
(2) Gesättigte Fettsäuren sind ausschließlich in pflanzlichen Fetten enthalten.
(3) Gesättigte Fettsäuren sind essenziell für die Ernährung.
(4) Gesättigte Fettsäuren sind leicht verdaulich.
(5) Gesättigte Fettsäuren senken den Cholesterinspiegel.

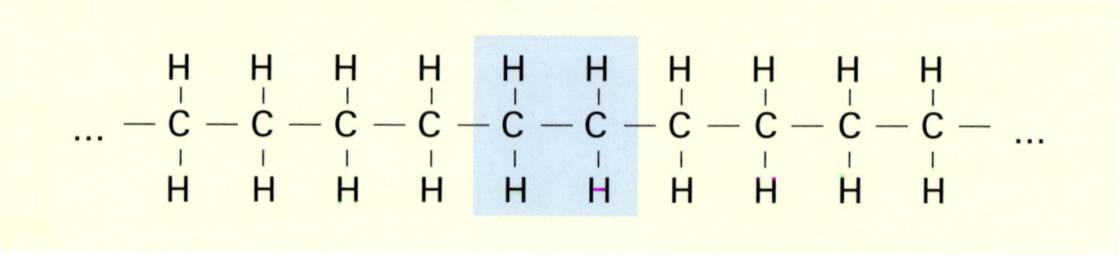

Gesättigte Fettsäuren – alle Kohlenstoffatome sind an je zwei Wasserstoffatome gebunden.

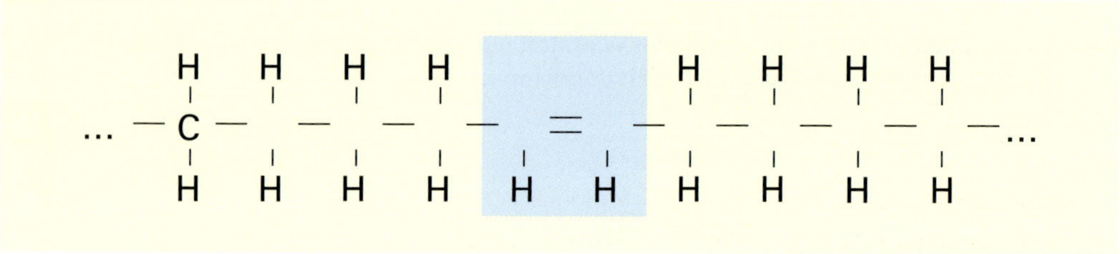

Ungesättigte Fettsäuren haben noch Bindekräfte frei.

37. **Fettsäuren unterscheiden sich nach der Anzahl ihrer Kettenlänge und nach Anzahl und Lage der Doppelbindungen.**
Ordnen Sie die Fettsäuren zu.

1. Zweifach ungesättigte Fettsäuren
2. Gesättigte Fettsäuren
3. Dreifach ungesättigte Fettsäuren
4. Einfach ungesättigte Fettsäuren

a) Stearinsäure, Palmitinsäure, Buttersäure
b) Ölsäure
c) Linolsäure
d) Linolensäure

Bestimmen Sie die Bedeutung von Fetten für die menschliche Ernährung.

- Fette liefern Energie.
- Fette sind Geschmacksträger.
- Fettlösliche Vitamine wie A, D, E, und K können vom Körper aufgenommen werden.
- Fette haben einen hohen Sättigungswert und machen Speisen „schwer“.

38. **Die Deutsche Gesellschaft für Ernährung sieht im Verzehr von sogenannten trans-Fettsäuren ein Risiko für die Gesundheit. Welche der genannten zwei Aussagen sind nicht zutreffend?**

1. trans-Fettsäuren sind verantwortlich für eine Erhöhung des Cholesterinspiegels.
2. trans-Fettsäuren werden hauptsächlich durch sogenannte gehärtete Fette aufgenommen.
3. trans-Fettsäuren kommen häufig in Konditoreiprodukten vor.
4. trans-Fettsäuren kommen in natürlicher Form in Milch- und Milchprodukten vor.
5. trans-Fettsäuren verursachen ein größeres Risiko an Herzerkrankungen.
6. trans-Fettsäuren senken den Blutfettspiegel.

Rohstoffe

39. Ordnen Sie die Fette ihrem Ursprungsort zu.

1. Tierische Fette
2. Pflanzliche Fette

a) Olivenöl
b) Rapsöl
c) Erdnussöl
d) Kokosfett
e) Kakaobutter
f) Talg
g) Butter
h) Schmalz

40. Für die Herstellung von Blätterteig wird speziell gehärtete Ziehmargarine verwendet. Dabei wird flüssiges Fett in festes Fett umgewandelt. *Ergänzen Sie den Satz.*

Man bezeichnet diese chemische Reaktion auch als …

1. Umesterung
2. Klarifizierung
3. Emulsion
4. Homogenisierung
5. Raffinierung

41. Bestimmt man die zentralen Eigenschaften von Fetten, so lassen sich folgende aufzählen. Welche der nachfolgenden drei Angaben sind nicht zutreffend?

1. Fette sind nicht in Wasser löslich.
2. Fett ist leichter als Wasser.
3. Fette haben unterschiedliche Schmelzbereiche.
4. Fette sind emulgierbar.
5. Fette haben keinen Rauchpunkt.
6. Fette sind Lösungsmittel für die Vitamine E, D, (e)K, A.
7. Fette können keine eingeschlagene Luft festhalten.
8. Feste Fette sind temperaturunempfindlich.
9. Wasserhaltige Fette sieden bei ca. 200 Grad Celsius.

42. Die Anzahl gesättigter oder ungesättigter Fettsäuren wirkt sich auf die Konsistenz des Fettes aus.

Ordnen Sie die beiden Erklärungen den Satzanfängen zu:

1. Dabei gilt, dass der Schmelzpunkt höher ist, wenn …
2. Dabei gilt, dass der Schmelzpunkt niedriger ist, wenn …

a) mehr gesättigte Fettsäuren vorhanden sind
b) weniger gesättigte Fettsäuren vorhanden sind

Zwei Zutaten fehlen, um aus diesem Rezept tatsächlich ein Haferbrot herzustellen. Ergänzen Sie die Rezeptur mithilfe der nachfolgenden „Rezeptergänzungen".

1. 30 g Hefe
2. 500 g Weizen
3. 1000 g Roggenschrot
4. 50 g Backpulver
5. 100 g Zucker
6. 200 g Honig

52. Gluten ist für die Backfähigkeit und das Gashaltevermögen unverzichtbar. Welche der nachfolgend genannten drei Getreidesorten verfügt nicht über das Gluten?

1. Mais
2. Hirse
3. Buchweizen
4. Grünkern
5. Dinkel
6. Gerste
7. Roggen
8. Weizen
9. Emmer

53. Neben dem Weizenmehl lassen sich zahlreiche andere Getreidesorten in der Backstube verarbeiten. Nicht alle zählen jedoch zum Brotgetreide. Welche zwei der nachfolgend genannten Getreidesorten zählen nicht zum Brotgetreide?

1. Roggen
2. Weizen
3. Dinkel
4. Emmer
5. Hafer
6. Gerste

54. Zu Ihrem Mittagstisch bieten Sie auch Grünkernrisotto an. *Ergänzen Sie den Satz.*
Unter Grünkern versteht man …

1. unreifen Dinkel
2. unreifen Roggen
3. überlagerte Hirse
4. eine Reisart
5. eine Gräserart

55. **Nebenstehend finden Sie ein Getreidekorn abgebildet. Ordnen Sie die Bestandteile der Abbildung zu.**

(a) Aleuronschicht
(b) Bärtchen
(c) Keimling
(d) Frucht- und Samenschale
(e) Mehlkörper

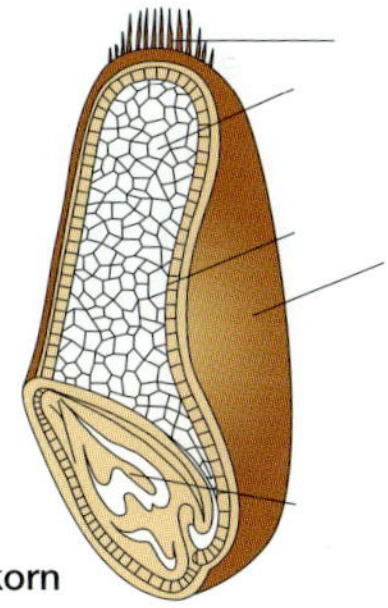

Getreidekorn

56. **Im Getreidekorn finden sich zahlreiche wertvolle Inhaltsstoffe. Ordnen Sie die Inhaltsstoffe den Bestandteilen des Getreidekorns zu.**

(1) Keimling	(a) Eiweiß, Fette, Vitamine und Mineralstoffe
(2) Fruchtschale	(b) Stärke, Klebereiweiß
(3) Samenschale	(c) Eiweiß, Fette, Enzyme und Vitamine
(4) Mehlkörper	(d) Zellulose
(5) Aleuronschicht	(e) Zellulose, Mineralstoffe, Farbstoffe

57. **Vollkornmehl enthält einen hohen Anteil an Kleie und eignet sich daher gut für eine vollwertige Ernährung.** *Ergänzen Sie den Satz.*

Kleie...

(1) besteht hauptsächlich aus dem Keimling des Getreidekorns.
(2) wird dem Mehl während der Verarbeitung hinzugefügt.
(3) besteht aus dem Keimling und den Randschichten und Schalen des Getreidekorns.
(4) ist reich an Ballaststoffen, gesättigten Fettsäuren und Klebereiweiß.
(5) entsteht, wenn allein der Mehlkörper des Getreidekorns verarbeitet wird.

58. **Die in der Backstube verarbeiteten Mehlsorten haben unterschiedliche Ausmahlungsgrade.** *Ergänzen Sie den Satz.*

Dabei gibt der Ausmahlungsgrad an, ...

(1) wie viel Kilogramm Mehl aus 100 Kilogramm Getreide gemahlen wird.
(2) wie viel Kilogramm Mehl insgesamt gemahlen wurde.
(3) wie lange das Mehl gemahlen wurde.
(4) wie viel Mahlgänge erforderlich waren, um das Getreide zu mahlen.
(5) wie stark das Getreide gesichtet wurde.

59. **Ordnen Sie den Inhaltsstoffen des Weizenmehls die Prozentangaben zu.**

(1) Stärke	(a) ca. 15 %
(2) Eiweiß	(b) ca. 70 %
(3) Wasser	(c) ca. 12 %
(4) Zucker	(d) ca. 3 %

60. **Unterscheiden Sie die Mahlerzeugnisse nach ihren Feinheitsgraden, indem Sie eine Reihenfolge nach Art der Beschaffenheit von sehr fein bis grob oder körnig angeben.**

Ordnen Sie die Merkmale den jeweiligen Mahlerzeugnissen zu.

(1) Mehl	(a) Körnig
(2) Grieß	(b) Doppelgriffig
(3) Dunst	(c) Pulverförmig
(4) Schrot	(d) Grob

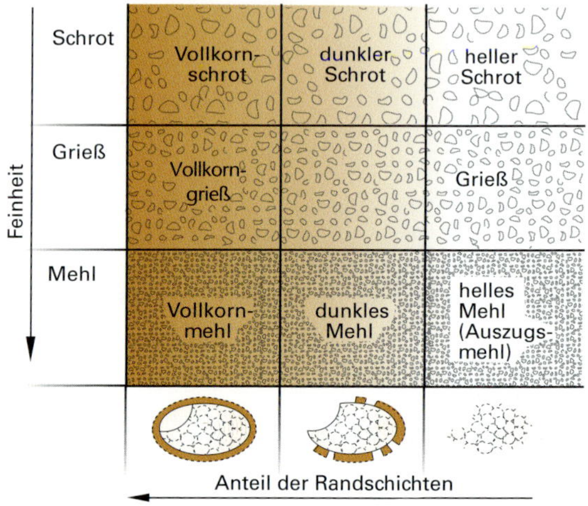

Mahlerzeugnisse mit unterschiedlichen Feinheitsgraden

61. **In der Konditorei wird häufig das sogenannte Auszugsmehl verwendet.** *Ergänzen Sie den Satz.* **Unter einem Auszugsmehl ...**

(1) versteht man das Weizenmehl mit der Type 550.
(2) versteht man ein Mehl mit einem hohen Schalenanteil.
(3) versteht man ein Mehl mit dem geringsten Stärkeanteil.
(4) versteht man ein Mehl, das sich vorzugsweise für die Herstellung von gezogenem Plunder anbietet.
(5) versteht man das Weizenmehl mit der Type 405.

62. **In der Konditorei werden überwiegend Mehle mit den Typenbezeichnungen 405 und 550 verarbeitet.**

Welche der nachfolgend genannten zwei Beschreibungen sind zutreffend?

(1) Das Mehl mit der Type 405 besitzt den höchsten Stärkeanteil.
(2) Das Mehl mit der Type 550 hat einen höheren Ausmahlungsgrad als die Type 405.
(3) Das Mehl mit der Type 405 enthält mehr Mineralstoffe als das Mehl mit der Type 550.
(4) Das Mehl mit der Type 550 ist nicht so lange lagerfähig, da der Keimling nicht entfernt wurde.
(5) Das Mehl mit der Type 550 eignet sich vorzugsweise für die Verarbeitung in Massen und Mürbeteigen.
(6) Das Mehl mit der Type 405 wird ausschließlich für die Herstellung von Früchtebrot verwendet.

63. Mithilfe einer sensorischen Prüfung kann die Qualität von Mehl getestet werden.

Welche der nachfolgend genannten Proben zählt nicht zur sensorischen Probe oder gehört nicht zur Qualitätsprüfung von Mehl? *Ergänzen Sie den Satz.*

Dies kann mithilfe ...

1. der Pekarprobe geschehen.
2. der Ballenprobe geschehen.
3. einer Geruchsprobe geschehen.
4. einer Backprobe geschehen.
5. einer Griffprobe geschehen.

64. Mehl ist nur begrenzt lagerfähig. Welche der nachfolgend genannten Lagerbedingungen ist nicht zutreffend?

1. Mehl kühl zu lagern
2. Mehl trocken zu lagern
3. Mehl bei einer relativen Luftfeuchtigkeit von mindestens 95 % zu lagern
4. Mehl luftig zu lagern
5. Mehl frei von Fremdgerüchen zu lagern

Vollkornmehl weist eine kürzere Lagerfähigkeit auf. Nennen Sie den Grund dafür.

- Der Keimling ist im Vollkornschrot noch enthalten.

65. Häufig wird Weizenmehlteigen Salz hinzugefügt. *Ergänzen Sie den Satz.*

Die Zugabe von Salz...

1. wird nur bei Roggenmehlen eingesetzt.
2. verbessert die Klebereigenschaften und erhöht das Gashaltevermögen.
3. unterstützt den enzymatischen Abbau der Stärke.
4. verbessert den pH-Wert des Teiglings.
5. senkt die Gärtoleranz.

66. In der Konditorei wird in der Regel Weizenmehl verarbeitet. Roggenmehle kommen eher selten zum Einsatz. *Ergänzen Sie die zwei zutreffenden Aussagen.*

Der Unterschied zwischen Weizenmehl und Roggenmehl besteht darin, dass...

1. Roggenmehle durch die mangelnde Kleberbildung geringere Backeigenschaften besitzen.
2. Roggenmehle keine Gärtoleranz besitzen.
3. Roggenmehle nur wenig Wasser aufnehmen können.
4. Roggenmehle nach dem Backen schneller austrocknen.
5. Roggenmehle nur als Instantmehle Verwendung finden.
6. Roggenmehle bei niedrigeren Temperaturen als Weizenmehle verkleistern.

67. **Die Frische von Eiern lässt sich mithilfe unterschiedlicher Proben prüfen. Welche der nachfolgend genannten Proben zählt nicht dazu?**

1. Die Schüttelprobe
2. Die Geruchsprobe
3. Die Backprobe
4. Die Schwimmprobe
5. Die Lichtprobe

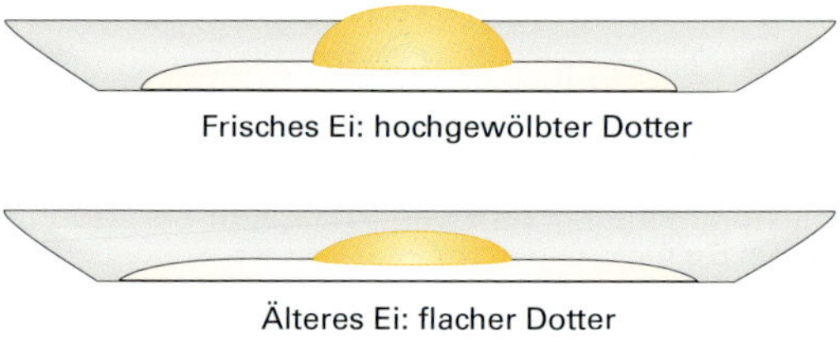

Frischemerkmal von Eiern

68. **Die unterschiedlichen Frischeproben geben Aufschluss über die Frische des Eies.**
Ergänzen Sie den Satz.

Dabei gilt, ...

1. je zäher das Eiweiß beim Aufschlagen, desto frischer ist es.
2. je größer die Luftkammer im Ei, desto frischer ist es.
3. je stärker das Geräusch beim Schütteln des Eies, desto frischer ist es.
4. je stärker ein Ei bei der Schwimmprobe nach oben zeigt, desto frischer ist es.
5. je kleiner das Eigelb, desto frischer ist es.

69. **Sie finden auf dem Ei folgenden Stempel.**

1-DE-23465-8

Ergänzen Sie den Satz.

Dabei handelt es sich um einen Code, ...

1. der angibt, wann und wo das Ei gelegt wurde.
2. der das Mindesthaltbarkeitsdatum angibt.
3. der Auskunft über die Güteklasse des Eies angibt.
4. der das Haltungssystem, den Erzeugerstaat und den Betrieb angibt.
5. der angibt, ob es sich um Hühnereier oder Enteneier handelt.

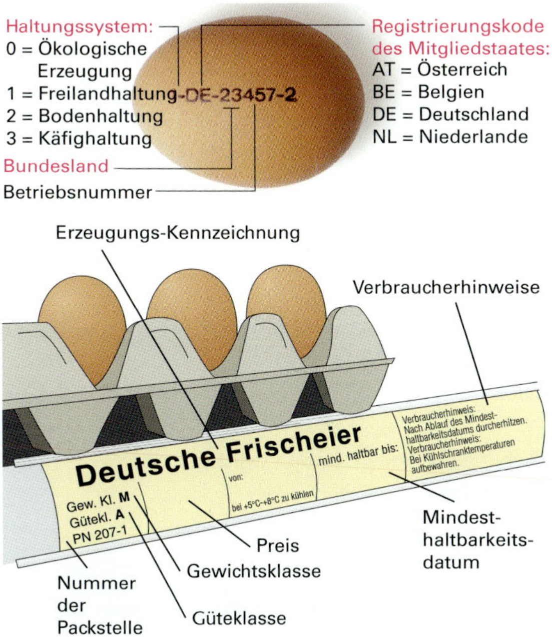

Kennzeichnung von Eiern

Das sollten Sie nach der Bearbeitung des 2. Lernfeldes wissen:

1. Sie kennen die Inhaltsstoffe der Nahrung und können ihre Bedeutung für die menschliche Ernährung beschreiben.
2. Sie kennen die Inhaltsstoffe und den Aufbau der Hauptrohstoffe, die Sie in der Backstube verarbeiten.

4.3 Gestalten, Werben, Beraten und Verkaufen

Unternehmensführung und Marketing im Konditorenhandwerk

Fachliche Kompetenz im Konditorenhandwerk ist kein alleiniger Garant für den wirtschaftlichen Erfolg eines Handwerksbetriebes. Es reicht nicht aus, gute Backwaren zu produzieren – man muss sie auch verkaufen.

Die Anforderungen und Problemstellungen, denen sich ein moderner Konditoreibetrieb stellen muss, sind vielfältig.

1. Nennen Sie vier Anforderungen, die eine Konditorei von anderen Handwerksbetrieben unterscheidet.

- Der Verkauf der Backwaren ist stärker an bestimmte Tageszeiten und Wochentage und Saisonzeiten gebunden.
- Das Produktangebot kann nicht beliebig auf Vorrat produziert werden.
- Die Lagermöglichkeiten der produzierten Backwaren sind eingeschränkt.
- Ein Großteil des Produktangebotes erfolgt in kostenintensiver Handarbeit.

2. Nennen Sie vier unternehmerische Konsequenzen für den Handwerksbetrieb, die sich aus den Anforderungen in Frage 1 ergeben können.

- Personalplanung auf unterschiedliche „Stoßzeiten" im Kundenverkehr einrichten
- Optimierung der Lagerhaltung vornehmen, Produktangebot einschränken
- Einsatz von Maschinen überprüfen (Pralinenüberzugsgerät)
- Herstellung personalintensiver Backwaren reduzieren, ggf. Zukauf von Halbfertigprodukten

3. Konditoreibetriebe müssen sich verstärkt veränderten Essgewohnheiten und Ernährungstrends stellen.

Nennen Sie vier gegenwärtige Trends im Konditorenhandwerk und der Gastronomie.

- Bio-Trend
- Außer-Haus-Verzehr
- Snack-Gerichte
- Coffee to go
- Vollwerternährung
- Nachhaltigkeit

Bio-Siegel

4. Sie beabsichtigen die aktuellen Trends (Aufgabe 3) in Ihr Marketingkonzept aufzunehmen. Welche Fragen werden Sie sich stellen, bevor Sie mit der Umsetzung einer eigenen Werbestrategie beginnen? Zählen Sie drei Fragen auf:

- Habe ich einen geeigneten Personenkreis den ich ansprechen kann?
- Welche Werbemaßnahmen will ich ergreifen?
- Wie lange sollen die Werbemaßnahmen durchgeführt werden?
- Mit welchen Produkten will ich werben?

Zur planvollen Durchführung eines Werbekonzeptes bietet sich der sogenannte Management-Regelkreis an.

1. Im ersten Schritt werden die Ziele formuliert, die mit der Werbemaßnahme erreicht werden sollen.
2. Im zweiten Schritt werden verschiedene Werbekonzepte entwickelt und geprüft.
3. Im dritten Schritt entscheidet man sich für ein Werbekonzept.
4. Im vierten Schritt wird das Werbekonzept durchgeführt.
5. Im fünften Schritt wird geprüft, ob das Werbekonzept erfolgreich war und die Werbeziele erreicht wurden. Im Anschluss wird geprüft, ob die Zielformulierung verändert werden muss.

5. Marketingstrategische Überlegungen lassen sich in qualitative und quantitative Ziele unterscheiden.

Nennen Sie fünf qualitative Zielformulierungen für eine Marketingstrategie im Konditorenhandwerk.

- Das Image des Cafés verbessern
- Die Ausbildungsqualität in der Außenwahrnehmung steigern
- Den Werbeauftritt des Hauses verbessern
- Backwarenpräsentation neu „inszenieren“
- Cafémobiliar neu einrichten

6. Nennen Sie fünf quantitative Zielformulierungen.

- Die Anzahl zu verkaufender Hochzeitstorten erhöhen
- Die Caféauslastung um 20 % erhöhen
- Den Außer-Haus-Verkauf um 10 % steigern
- Die Angebote im „Mittagstisch-Bereich" um fünf Standardgerichte erweitern
- Den Umsatz im Frühstücksbereich um 8 % steigern

7. Zur Neueröffnung einer Konditorei erstellen Sie ein Marketingkonzept.
Bestimmen Sie die zwei notwendigen Marketinginstrumente.

1. Die Festlegung von Marketing-Mix-Instrumenten
2. Die Planung der Arbeitszeiten
3. Die Auswahl der Lieferanten
4. Die Präsentation in der Verkaufstheke
5. Die Entwicklung einer Corporate Identity
6. Die Schulung der Mitarbeiter nach dem HACCP-Konzept

8. Sie sollen ein Marketing-Mix-Konzept für Ihre Konditorei erstellen.
Welche zwei der genannten Instrumente werden Sie dabei nicht berücksichtigen?

1. Preisabsprachen
2. Gewährleistungsansprüche
3. Public Relations
4. Sales Promotion
5. Produkt- und Sortimentgestaltung
6. Vertriebswege

Unterscheiden Sie die Begriffe Public Relations und Sales Promotion.

- Sales Promotion = Verkaufsförderung
- Public Relation = „Pflege des guten Rufs in der Öffentlichkeit"

Zählen Sie drei Beispiele zur Verkaufsförderung in der Konditorei und drei Maßnahmen zur Pflege der öffentlichen Wahrnehmung auf.

- Schulung des Verkaufspersonals
- Preisausschreiben
- Backwaren als Probierstücke
- Tag der offenen Backstube
- Sponsoringmaßnahmen für den örtlichen Kindergarten
- Aktion zum gesunden Schulfrühstück mit anschließender Berichterstattung in der regionalen Presse

Das Verkaufspersonal wurde in verkaufsfördernden Maßnahmen geschult.

Nennen Sie fünf Umsatzbereiche im Thekenbereich und im Café, in denen Sie durch aktives Verkaufen den Umsatz erhöhen können.

- Sie weisen auf den Mittagstisch hin.
- Sie benennen tägliche Aktionsangebote.
- Sie benennen, je nach Kundenwunsch, korrespondierende Backwaren.
- Sie weisen auf neue Produkte hin und empfehlen Probierstücke.
- Sie bieten unaufgefordert einzelne Pralinen zur Verkostung an.

9. Um den Bekanntheitsgrad der Konditorei zu erhöhen, setzt man auf bestimmte Kommunikationsinstrumente. Bei welchem der nachfolgend genannten Begriffe handelt es sich um ein Kommunikationsinstrument?

(1) public relations
(2) public investigation
(3) public viewing
(4) public creation
(5) public education

10. Um am Markt erfolgreich zu sein, zählt die Marktbeobachtung zu den zentralen Aspekten eines gelungenen Marketingkonzeptes. Wählen Sie die zwei zutreffenden Antworten aus.

Zur Marktbeobachtung ...

(1) gehört die Beobachtung der Mitbewerber.
(2) gehört die erfolgreiche Abwerbung von Stammkunden des Mitbewerbers.
(3) gehört die Beobachtung, ob die Ladenöffnungszeiten des Mitbewerbers eingehalten werden.
(4) gehört die Analyse von Kundenbeschwerden im eigenen Betrieb.
(5) gehört der Einsatz von Kundenbefragungen des Mitbewerbers.
(6) gehören Testkäufe beim Mitbewerber.

Sie werben für Ihre Konditorei. Nennen Sie sieben Überlegungen, die Sie bei den Werbemaßnahmen berücksichtigen werden.

- Eindeutige Bestimmung der Zielgruppe
- Kosten der Werbemaßnahme
- Einheitlichkeit des Werbeauftritts (Personal, Farben, Logo)
- Wahrheit der Werbeaussagen
- Aktualität des Werbeauftritts
- Pfiffige und kreative Umsetzung der Werbemaßnahme
- Überprüfung des Erfolgs der Werbemaßnahme

Das Ziel erfolgreicher Werbung

Nennen Sie mindestens fünf Werbemittel, die für den Einsatz in der Konditorei geeignet sind.

- Beschriftete Brottüten
- Werbeaufdruck auf dem Lieferwagen
- Regelmäßig neu gestaltetes Schaufenster
- Werbeflyer
- Wurfpostsendungen in der Nachbarschaft
- Aktionswochen
- Werbung in der Stadtteilzeitung
- Werbung im Lokalradio

11. Wählen Sie die zutreffende Erklärung aus.

Der Begriff Corporate Identity kennzeichnet …

(1) die Mitarbeiter im Betrieb, die alle das gleiche Ziel verfolgen.
(2) die Stammkundschaft, die zu Ihrem Betrieb hält.
(3) das Firmenschild.
(4) die Einzigartigkeit und das Unverwechselbare des Konditoreibetriebes.
(5) das hochwertige Backwarenangebot.

12. Sie bereiten eine Aktionswoche vor. Welche zwei der nachfolgenden Überlegungen können dabei unberücksichtigt bleiben?

(1) Kosten
(2) Anlass
(3) Ofenkapazität
(4) Öffnungszeiten
(5) Produkt-Sortiment
(6) Werbung
(7) Zeitraum

Zur Aktionswoche sollen kundenorientierte Werbemaßnahmen durchgeführt werden. Nennen Sie drei geeignete Werbemaßnahmen.

- Gewinnspiel
- Preisrätsel
- Kleine Geschenke für die Kunden

Für eine erfolgreiche Konditorei sind spezifische Merkmale unverzichtbar. Nennen Sie mindestens drei Merkmale.

- Gleichbleibende Qualität der Backwaren
- Geschultes Servicepersonal
- Ein gutes Preis-Leistungs-Verhältnis

Sie möchten sich von Ihren Mitbewerbern abheben und prüfen nun, wie sich geeignete Wettbewerbsvorteile erringen lassen. Nennen Sie mögliche Maßnahmen.

- Verkaufsschulung der Mitarbeiter
- Erweiterung des Backwarenangebots
- Maßnahmen des Social Sponsoring
- Nachhaltig produzierte Backwaren, Erweiterung des Bio-Angebotes
- Zusätzliche Werbemaßnahmen

Erfolgreiche Werbung folgt einer oft zitierten „Werbeformel“.
Diese nennt sich „AIDA-Formel“

Erklären Sie diese Formel:

(A) = Attention – Die Werbung soll Aufmerksamkeit erregen.
(I) = Interest – Die Werbung soll Interesse wecken.
(D) = Desire – Die Werbung soll Verlangen, den unmittelbaren Kaufwunsch, wecken.
(A) = Action – Die Werbung soll zum Kauf bewegen.

Das Gesetz gegen den unlauteren Wettbewerb dient dem Schutz des Verbrauchers und dem Schutz der Mitbewerber. Der § 3 des UWG legt fest, dass alle unlauteren Wettbewerbshandlungen unzulässig sind. Nennen Sie drei Beispiele für einen unlauteren Wettbewerb.

- Herabsetzende Werbung des Mitbewerbers
- Vergleichende Werbung
- Irreführende Werbung

13. Wenn ein Werbeslogan für ein Backwarenprodukt verfasst wird, ...
Kreuzen Sie die zwei zutreffenden Aussagen an.

(1) kann die beworbene Ware umfassend erläutert werden.
(2) kann die Werbeaussage originell, witzig und lustig sein.
(3) muss die Werbeaussage auf jeden Fall sachlich sein.
(4) müssen mögliche Mitbewerber als ungeeignet dargestellt werden.
(5) können gegebenenfalls regionale oder auch saisonale Aspekte in den Mittelpunkt der Werbeaussage gestellt werden.
(6) darf dieser nicht mehr als fünf Wörter umfassen.

14. Vielfach werden Konditoreien auch als Franchisebetriebe geführt.
Wählen Sie die zutreffende Erklärung aus und ergänzen Sie den Satz.
Franchising meint, dass...

(1) allein der Name eines bereits am Markt erfolgreichen Betriebskonzeptes genutzt werden darf.
(2) alle Rezepturen und alle Mitarbeiter vom Franchisegeber gestellt werden.
(3) die Löhne und Gehälter vom Franchisegeber gezahlt werden.
(4) der Franchisenehmer gegen eine Lizenzgebühr die Stammkundschaft übernehmen darf.
(5) sogenannte Franchisenehmer ein bereits am Markt eingeführtes erfolgreiches Betriebskonzept übernehmen.

15. Wählen Sie die zwei zutreffenden Vorteile aus und ergänzen Sie den Satz.

Die Vorteile eines Franchise-Betriebes bestehen darin, dass ...

1. der Franchisenehmer weiterhin als eigenständiger Unternehmer agieren kann.
2. die Backwaren immer eine gleichbleibende Qualität aufweisen.
3. der Franchisebetrieb ausschließlich mit Fachleuten besetzt wird.
4. der Franchisenehmer von der Bekanntheit der Franchisegebers profitiert.
5. der Franchisebetrieb individuell auf Kundenwünsche eingehen kann.
6. dem Franchisebetrieb außer den Lohnkosten keine weiteren Kosten entstehen.

Beratung und Verkauf

Das Schaufenster gilt als Visitenkarte der Konditorei. Dabei gilt es, einige Voraussetzungen zu beachten. Welche?

- Die Anordnung der Schaustücke sollte aus der Blickrichtung der Passanten bestimmt werden.
- Plakate mit ausführlichen Erläuterungen sollten den Mittelpunkt der Fenstergestaltung bilden.
- Schaufenster sollten im Halbjahr jeweils neu gestaltet werden.
- Das Schaufenster sollte nach Möglichkeit das gesamte Warensortiment widerspiegeln.
- Es sollten nach Möglichkeit keine Schaufensterattrappen verwendet werden, da dies von den Kunden bemerkt wird.

Für alle Waren in der Konditorei gilt, dass diese umfassend mit Preisen ausgezeichnet sein müssen.

Zählen Sie mindestens drei Orte auf, an denen Preisauszeichnungen sichtbar gemacht werden können.

Die Preise können ...

- als Preisschilder sichtbar gemacht werden.
- an den Verkaufsregalen befestigt werden.
- auf einer Stehtafel im Verkaufsraum befestigt werden.
- neben der Eingangstür in einem Aushang sichtbar gemacht werden.
- als Speisenkarte oder als Getränkekarte auf den Gasttischen liegen.

16. Der Verkauf der Backwaren erfordert ein professionell geschultes Team. Neben dem Warenverkauf muss eine gute Konditoreifachverkäuferin bestimmte Voraussetzungen erfüllen. Welche der genannten Voraussetzungen ist nicht notwendig? *Ergänzen Sie den Satz.*

Sie sollte ...

1. gute Produktkenntnisse besitzen.
2. jung sein, gut aussehen und nicht älter als 30 Jahre sein.
3. die Stammkundschaft des Cafés kennen und auch mit Namen ansprechen.
4. angemessene Umgangsformen besitzen.
5. Reklamationen sachgerecht bearbeiten können.

17. Die gelungene Warenpräsentation dient der Verkaufsförderung.
Welche der nachfolgend genannten Präsentationsregeln zählen nicht dazu?
Wählen Sie die drei nicht zutreffenden Präsentationsregeln aus.

1. Beschädigte Waren werden zusammen präsentiert und müssen als im Preis gesenkt erkennbar sein.
2. Warengruppen, die zusammengehören, werden zusammen präsentiert.
3. Angestoßene Gebäckstücke sollten übereinander gestapelt werden, so dass die „Beschädigung" nicht erkannt werden kann.
4. Torten sollten mit dem offenen Anschnitt zum Servicepersonal zeigen.
5. Tabletts sollten möglichst voll sein.
6. Beliebte Backwaren sollten möglichst zentral platziert werden.
7. Die gesamte Ware sollte vom Kunden gesehen werden.
8. Die Backwaren müssen erkennbar einer Preisangabe zugeordnet werden können.
9. Teegebäck darf auf einem Blech kreisförmig ausgelegt werden.

18. Sie kündigen ein aktuelles, befristetes Sonderangebot handschriftlich auf einer Werbetafel im Schaufenster an.
Dazu liegen ihnen die folgenden Buntstifte vor. Wählen Sie die passenden Stifte mit der entsprechenden Farbe, um darauf aufmerksam zu machen.

1. Rot
2. Grün
3. Blau
4. Gelb
5. Braun
6. Schwarz
7. Türkis

Buntstifte

19. Bei der Kennzeichnung von Lebensmitteln ist die Preisangabenverordnung zu beachten.
Danach müssen alle Backwaren eindeutig mit einem Preis versehen werden.
Wählen Sie die zwei zutreffenden Antworten aus und ergänzen Sie den Satz.
Die Preisangabenverordnung...

1. dient dem Kunden, damit er ohne Beeinflussung die Preise vergleichen kann.
2. dient dem Ladenpersonal, damit es bei der Abrechnung an der Kasse keine Fehler macht.
3. erlaubt einen fairen Wettbewerb.
4. dient den Mitbewerbern zur Preiskontrolle.
5. dient der Lebensmittelüberwachung.
6. hilft gerade älteren Menschen, wenn sie kleine Preisauszeichnungen nicht lesen können.

17. Bringen Sie den Prozessablauf bei der Teigherstellung in die richtige Reihenfolge.

1. Entstehung des Klebergerüstes
2. Teigbestandteile mischen
3. Beginn der Kleberbildung
4. Verteilung und Verbindung der Zutaten
5. Starkes und schnelles Kneten mit dem Spiralkneter

18. Die Klebereiweißstoffe binden bei der Teigbildung Wasser. *Vervollständigen Sie den Satz.*
Dabei binden sie...

1. das Doppelte ihres Eigengewichtes.
2. das Vierfache ihres Eigengewichtes.
3. das 100-Fache ihres Eigengewichtes.
4. das 10-Fache ihres Eigengewichtes.
5. das 1000-Fache ihres Eigengewichtes.

19. *Vervollständigen Sie den Satz.*
Die für die Kleberbildung verantwortlichen zwei Eiweißstoffe sind ...

1. Gliadin
2. Albumin
3. Karotin
4. Glutenin
5. Kasein
6. Cholesterin

20. *Vervollständigen Sie den Satz.*
Der optimale Zeitpunkt für die Fertigstellung des Teiges ist dann erreicht, wenn ...

1. sich ein weißer Belag am Kesselrand erkennen lässt.
2. die Teigtemperatur von 35 °C erreicht worden ist.
3. der Teig innerhalb der vorgegebenen Knetdauer geknetet wurde.
4. die festgelegte Knettoleranz um mindestens 20 Minuten überschritten wurde.
5. der Hefeteig eine elastische, „wollige“ und dehnbare Beschaffenheit aufweist.

Teigbereitung

21. **Bei der Teigbereitung gibt es zahlreiche Fehlerquellen. Dazu zählen die Unterknetung und die Überknetung. Ordnen Sie die Herstellungsfehler den entsprechenden Fehlermerkmalen zu.**

(1) Unterknetung
(2) Überknetung

(a) Kleines Volumen
(b) Geringe Dehnbarkeit
(c) Glänzende Teigoberfläche
(d) Hohe Teigtemperatur
(e) Grobe Porung
(f) Niedrige Teigtemperatur
(g) Wasser wird freigesetzt
(h) Klebrige Teigoberfläche

22. *Vervollständigen Sie den Satz.*

Ein Berliner Teig wird bei der Verarbeitung zusammengestoßen. Dies bewirkt, dass ...

(1) sich die Zahl der Poren im Teig verringert.
(2) sich zahlreiche kleine Poren bilden.
(3) die Form der Porung ungleichmäßiger wird.
(4) die Oberflächenspannung des Teiges gestärkt wird.
(5) sich keine neuen Gase im Teiginnern bilden können.

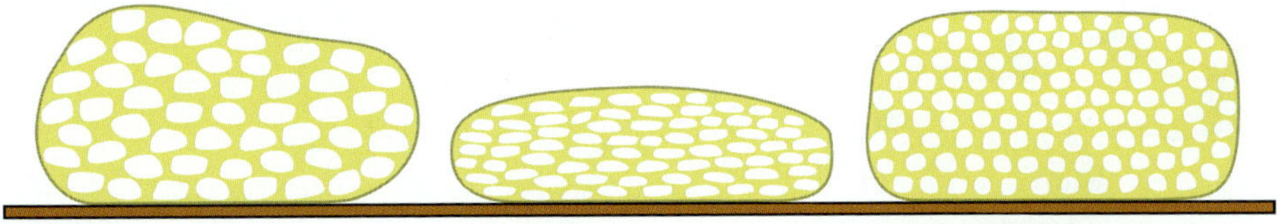

geringe Porung

zahlreiche, kleine Poren

gleichmäßige Porung optimale Krumenbildung

23. **Sind die Teiglinge abgewogen und geformt, erhalten Sie eine entsprechende Garzeit.**

Vervollständigen Sie den Satz.

Ideal ist eine Gärraumtemperatur zwischen...

(1) 30 °C und 35 °C
(2) –5 °C und 30 °C
(3) 40 °C und 60 °C
(4) 20 °C und 50 °C
(5) 65 °C und 85 °C

24. *Vervollständigen Sie den Satz.* **Bei der Gare wird darauf geachtet, dass …**

1. die Teiglinge eine Haut ziehen.
2. die Teiglinge eng zusammenliegen.
3. ausreichend Luftfeuchtigkeit vorhanden ist.
4. die Gare möglichst lange anhält, um ein großes Volumen zu erzielen.
5. die Gare nicht länger als 10 Minuten andauert.

25. *Vervollständigen Sie den Satz.*

Will man den richtigen Garzustand der Teiglinge testen, tastet man den Teigling an der Teigoberfläche ab. Für den richtigen Zeitpunkt gilt, dass …

1. der Teig einen deutlichen Widerstand zeigt und sofort in die Ausgangsposition zurückschnellt.
2. der Fingerabdruck auf der Teigoberfläche lange sichtbar bleibt.
3. die Teigform eher flach als hoch aufwölbend ist.
4. sich der Teig beim Abtasten elastisch anfühlt und leichten Widerstand zeigt.
5. der Teig einen eher geringen Widerstand zeigt und wenig elastisch ist.

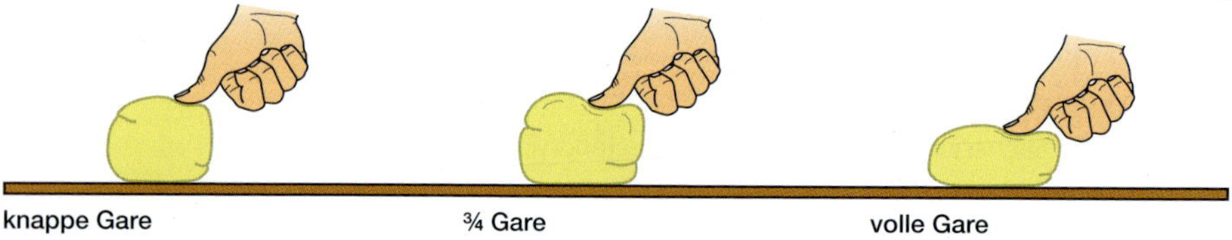

Teiglinge

26. **Bei der Verarbeitung von Hefeteigen wird eine Teigruhe eingehalten.**

Vervollständigen Sie den Satz.

Unter einer Teigruhe versteht man …

1. die gesetzliche Ruhezeit, die von den Mitarbeitern während des Arbeitstages einzuhalten ist.
2. die Ruhezeit, die unmittelbar nach der Gare und kurz vor dem Backprozess eingehalten werden muss.
3. die Phase nach dem Knetvorgang bis zur Aufarbeitung des Hefeteiges in die gewünschte Form.
4. die Ruhezeit, die kurz nach dem Abbacken eingehalten wird, damit sich das Gebäck entspannt.
5. die Ruhezeit auf dem Blech, bevor die Backwaren in den Ladenverkauf gehen.

27. *Vervollständigen Sie den Satz.*

Werden Teige früh und ohne Teigruhe weiterverarbeitet gilt, dass ...

(1) die Teige die ideale Spannung besitzen, um sie ausrollen zu können.
(2) sich der Personaleinsatz und die Arbeitszeit in der Backstube optimal steuern lassen.
(3) sich durch das geringe Teigvolumen eine höhere Anzahl von Teiglingen verarbeiten lässt.
(4) die Zeit im Gärraum verlängert werden muss, um ein optimales Backergebnis zu erzielen.
(5) dass die Teige beim Ausrollen schnurren, sich zusammenziehen oder auch reißen.

28. *Vervollständigen Sie den Satz.*

Im Gärraum herrscht eine hohe Luftfeuchtigkeit. Diese bewirkt, ...

(1) dass die Hefe genug Wasser zur Verfügung hat, um weiterhin aktiv zu sein.
(2) dass die Oberfläche der Teiglinge feucht und elastisch bleibt.
(3) eine hygienisch einwandfreie Behandlung, da die Teiglinge ständig von einem Wasserfilm umspült werden.
(4) dass die HACCP-Bestimmungen eingehalten werden, da das Wasser die Schmutzpartikel wegspült.
(5) dass während des Ofentriebes weniger Schwaden gegeben werden müssen.

29. Die Lockerung des Hefebackwerkes setzt sich im Ofen fort.

Vervollständigen Sie den Satz.

Diesen Prozess bezeichnet man als ...

(1) Nachtrieb
(2) Ofenlockerung
(3) Backhilfe
(4) Ofentrieb
(5) Supergare

Plunderteile sollten möglichst frisch verzehrt werden. Nennen Sie mögliche Maßnahmen, mit denen Sie das „Altbackenwerden" von Plundergebäck hinauszögern können.

- Aprikotieren
- Glasieren
- Fruchtfüllungen und Vanillecremefüllungen verarbeiten

Berliner werden gefüllt

54. Ordnen Sie die Lockerungsmittel den drei aufgeführten Kategorien zu.

1. Biologische Lockerungsmittel
2. Physikalische Lockerungsmittel
3. Chemische Lockerungsmittel

a) Hefe
b) Wasserdampf
c) Luft
d) Backpulver
e) Pottasche
f) Hirschhornsalz

Um ein optimales Backergebnis zu erzielen, muss die Hefe frisch sein.
Nennen Sie die typischen Frischemerkmale der Hefe.

- hellbraune Farbe
- muschelartiger Bruch
- frischer Geruch und Rillenbildung, wenn man die Hefe mit dem Fingernagel streift

Frische Hefe

Hefe ist ein Lebewesen und benötigt bestimmte Lebensbedingungen.
Nennen Sie die Lebensbedingungen.

- Nahrung (Einfachzucker)
- Wasser
- Sauerstoff
- Temperatur bei ca. 32 Grad Celsius

55. Die Triebkraft der Hefe ist für ein gutes Backergebnis von besonderer Bedeutung.
Vervollständigen Sie die nachfolgenden Sätze.
Die beste Triebkraft besitzt Hefe...

1. in Teigen mit wenig Zucker, bis zu 2 % Zucker bezogen auf den Mehlanteil.
2. in zuckerreichen Teigen bis zu 20 % Zucker, bezogen auf den Mehlanteil.
3. in schweren Hefeteigen mit einem hohen Fettgehalt.
4. in Lebkuchenteigen mit einem hohen Honiganteil.
5. in Mürbeteigen, die zusätzlich mit Backpulver gelockert werden.

a) Bei fettreichen Teigen...

1. ist die Hefetätigkeit kaum eingeschränkt.
2. stellt die Hefe die Tätigkeit ein.
3. ruht die Hefetätigkeit.
4. ist die Hefetätigkeit eingeschränkt.
5. stirbt die Hefe nach kurzer Zeit ab.

b) Bei der Hefegärung spricht man auch von...

1. der Weingärung.
2. der alkoholischen Gärung.
3. Teiggärung.
4. biologischer Gärung.
5. Trockengärung.

56. Bei der Herstellung eines Rührkuchens verwenden Sie Backpulver.

Vervollständigen Sie den Satz.

Die Bestandteile des Backpulvers bestehen aus...

1. Natrium, Soda und Mehl
2. Ammoniak, Natron und Stärke
3. Natron, Säure und Stärke
4. Ammoniumhydrogencarbonat, Säure und Lauge
5. Säure, Salz und Soda

a) *Vervollständigen Sie den Satz.*

Backpulver wird ...

1. in fett- und zuckerreichen Teigen eingesetzt.
2. zur Unterstützung der Hefe in fett- und zuckerreichen Teigen eingesetzt.
3. vorwiegend zur Lockerung in flachen Gebäcken eingesetzt.
4. überwiegend in Lebkuchenteigen zur Lockerung eingesetzt.
5. zur Unterstützung der physikalischen Lockerung in Strudelteigen eingesetzt.

b) *Vervollständigen Sie den Satz.*

Wird Backpulver verwendet, entfaltet es seine volle Triebwirkung ...

1. wenn ausreichend Feuchtigkeit hinzugefügt wird.
2. wenn es vor der Verarbeitung mit dem Mehl gesiebt wird.
3. nur in Verbindung mit anderen Lockerungsmitteln.
4. erst im Ofen.
5. wenn ausreichend freies Wasser im Teig zur Verfügung steht.

c) *Vervollständigen Sie den Satz.*

Wird bei der Verarbeitung von Backpulver zu viel Backpulver verwendet, dann ...

1. werden die Backwaren stark gelockert, was zu einem hohen Gebäckvolumen führt.
2. gehen die Backwaren zunächst stark auf, fallen jedoch kurze Zeit später wieder zusammen.
3. führt dies zu einer hohen Gasentwicklung und damit zu einer Geschmacksbeeinträchtigung.
4. entstehen kleine, feste volumenarme Gebäckstücke.
5. führt die Gasentwicklung zur stabilen Porenbildung und zu einer längeren Haltbarkeit.

d) *Vervollständigen Sie die zwei zutreffenden Sätze.*

Bei der Verwendung von Ammoniumhydrogencarbonat ist darauf zu achten, dass...

1. es vor der Verarbeitung immer in etwas Flüssigkeit gelöst werden sollte.
2. bei hohen Gebäcken eine ausreichende Standzeit bis zum Verzehr gewährleistet ist.
3. den Gebäcken ausreichend Flüssigkeit hinzugefügt wird.
4. die Teige keine Säure aufweisen.
5. es nur in Teigen mit einem hohen Gebäckvolumen eingesetzt wird.
6. es nur für flache Backwaren verwendet wird.

57. Backwaren werden mit unterschiedlichen Lockerungsmitteln gelockert. Ordnen Sie die Gebäcke den Lockerungsmitteln zu.

1. Physikalische Lockerung
2. Biologische Lockerung
3. Chemische Lockerung

a) Lebkuchen
b) Windbeutel
c) Meringue
d) Wiener Masse
e) Hefezopf
f) Pizza
g) Englischer Kuchen
h) Blätterteig

58. Bestimmen Sie die Lockerungstechnik und vervollständigen Sie den Satz.

Gezogene Plunderteige, wie z. B. Croissants werden ...

1. ausschließlich biologisch gelockert.
2. chemisch und biologisch gelockert.
3. biologisch und physikalisch gelockert.
4. chemisch gelockert.
5. physikalisch und chemisch gelockert.

59. Sie stellen einen Lebkuchenteig her.

Vervollständigen Sie den nachfolgenden Satz.

Bei dem verwendeten Lebkuchengewürz handelt es sich um eine ...

1. Mischung aus Ahornsirup und Honig.
2. Mischung aus Zitronenschale und Koriander.
3. Mischung aus Meersalz, Hirschhornsalz und Pottasche.
4. Gewürzmischung.
5. Mischung aus Orangeat und Zitronat.

Das sollten Sie nach der Bearbeitung des 4. Lernfeldes wissen!

1. Sie können Hefefeinteige, Plunderteige und Blätterteige voneinander unterscheiden.
2. Sie kennen die Grundlagen der Teigherstellung und des Backprozesses.
3. Sie kennen unterschiedliche Lockerungsmethoden und können die Funktionsweise erklären.
4. Sie können mögliche Gebäckfehler erkennen und deren Ursachen bestimmen.

Platz für eigene Notizen

Zum Frühstück werden in Ihrer Konditorei auch Spiegeleier serviert. Leider haben sich folgende Fehler eingeschlichen.

Benennen Sie mögliche Ursachen für die folgenden Fehler.

- Das Eigelb hat helle Flecken.
- Der Eiweißrand hat kantige Bratränder.
- Das Eigelb ist zerlaufen.

- Es darf nur die Eiweißfläche gewürzt werden, da Salz auf dem Eigelb helle Flecken bildet.
- Die Pfanne wurde zu hoch erhitzt.
- Das Ei war zu alt.

Sie stellen Rühreier her. Beschreiben Sie den Arbeitsablauf.

- Eier aufschlagen, würzen und mit einem Schneebesen verquirlen.
- Butter in einer Pfanne leicht erhitzen.
- Eiermasse in die Pfanne geben, erhitzen und stocken lassen.
- Gerinnende Eiermasse unter ständigem Aufrühren von außen nach innen zur Pfannenmitte schieben.
- Rühreier auf einen vorgewärmten Teller geben und servieren.

1. Bei der Herstellung des Rühreis stellen Sie fest, dass das Rührei weiße Flecken hat. Bestimmen Sie die Ursache.

1. Es wurde Sahne zugefügt.
2. Das Rührei wurde nicht lange genug gegart.
3. Eigelb und Eiklar wurden nicht ausreichend miteinander vermischt.
4. Das Rührei wurde zu schnell und zu heiß gegart.
5. Das Ei war zu alt.

2. Neben dem Frühstücksbüfett wird oft ein sogenannter „Brunch“ angeboten. Darunter versteht man ...

1. einen Mittagstisch mit verschiedenen kalt-warmen Gerichten.
2. eine Mischung aus Frühstück und Mittagessen.
3. eine Mischung aus Mittagessen und Abendbrot.
4. ein Speisenangebot für Vegetarier.
5. ein spezielles Speisenangebot für Hochleistungssportler.

Nachdem Sie das Rührei zubereitet haben, möchten Sie dieses um weitere Zutaten ergänzen. Schlagen Sie drei ergänzende Zutaten vor:

- gerösteter Speck
- gebratene Pfifferlinge
- gebratene Nürnberger Würstchen

Pfifferlinge

Salate in der Konditorei

Salatteller

3. **Sie bieten in Ihrem Café unterschiedliche Snacks an. Welches der nachfolgenden Speisenangebote ist nicht geeignet?**

1. Griechischer Salat
2. Herzhafte Blätterteigsnacks
3. Kartoffelsuppe
4. Zwiebelkuchen
5. Rouladen mit Kartoffeln und Rotkohl

4. **Für die Salatsauce ist keine Mayonnaise mehr vorrätig. Sie stellen die Mayonnaise selbst her.**

In den nachfolgenden Beschreibungen sind leider zwei Rezepte durcheinandergeraten. Wählen Sie die entsprechenden Komponenten zur Herstellung der Mayonnaise aus.

1. Salz
2. Tabasco
3. Sahne
4. Cognac
5. Eigelb
6. Senf
7. Meerrettich
8. Pfeffer
9. Pflanzenöl
10. Zitronensaft
11. Ketchup
12. Worcestersauce

Nachdem Sie die entsprechenden Zutaten ausgewählt haben, beschreiben Sie die fachgerechte Herstellung der Mayonnaise.

- Eigelb mit dem Senf, Salz und Pfeffer mit dem Schneebesen verrühren. Tropfenweise das Öl hinzulaufen lassen. Mit Zitronensaft und Worcestersauce abschmecken.
- Alternativ: Zutaten wie angegeben vermengen und mit dem Zauberstab „hochziehen“.

5. **Sie bereiten einen Rohkostsalat für den Mittagstisch vor. Welche der nachfolgend genannten Gemüsearten können dazu verwendet werden?**
Kreuzen Sie die drei infrage kommenden Gemüsesorten an.

1. Lollo Rosso
2. Sellerie
3. Karotten
4. Blumenkohl
5. Aubergine
6. Lauch
7. Artischocken
8. Rotkohl
9. Feldsalat

Paprika

6. **Damit der Gast stets einen frischen Salat erhält, sind einige Verarbeitungsregeln zu beachten. Welche der nachfolgend genannten Verarbeitungshinweise gehört nicht dazu?**

1. Salate sollten im Wasser ausreichend gelagert, gewässert und damit gesäubert werden.
2. Salat sollte von anhaftendem Wasser befreit werden (Salatschleuder).
3. Salat sollte in mundgerechte Stücke zerpflückt werden.
4. Blattsalate sollten gezupft und nicht geschnitten werden.
5. Salate sollten erst unmittelbar vor dem Servieren angerichtet werden.

7. *Vervollständigen Sie den Satz und nennen Sie die zwei zutreffenden Erklärungen.*

Sie nutzen die Salatschleuder, um den Salat zu trocknen.

Diesen Arbeitsschritt leisten Sie, weil …

1. der Salat sonst zu schnell verdirbt.
2. der Salat sich sonst nicht gut anrichten ließe.
3. die Salatsauce sonst nicht am Salat haften würde.
4. der Geschmack des Salates damit nicht verwässert wird.
5. der Salat sonst durch das Gewicht des anhaftenden Wassers zusammenfiele.
6. der Salat weniger ansprechend aussähe.

8. *Nennen Sie die zwei zutreffenden Arbeitshinweise.*

Für rohe Gemüsesalate gilt für die Verarbeitung der folgende Merksatz:

Je derber und fester ein Gemüse ist, desto …

1. gröber soll es geschnitten werden.
2. kürzer soll es mariniert werden.
3. länger muss es mariniert werden.
4. schneller dringt das Dressing in das Gemüse ein.
5. länger ist es haltbar.
6. feiner muss es zerkleinert werden.

Anrichten einer Salatbeilage

9. Nachfolgend finden Sie die Arbeitsschritte zur Herstellung eines Blattsalates. Bringen Sie die Arbeitsschritte in eine fachgerechte Reihenfolge.

1. Salat schleudern
2. Salat servieren
3. Salat marinieren
4. Salat zerpflücken und zerkleinern
5. Dressing herstellen
6. Salat von welken Blättern und Strünken befreien
7. Salat waschen
8. Salat ggf. mit frischen Kräutern garnieren

Feldsalat

Kopfsalat

Eichblattsalat

Verschiedene Blattsalate

10. Für das servierfertige Anrichten des Blattsalates sollten die folgenden Hinweise beachtet werden. Welcher der folgenden Bearbeitungshinweise ist <u>nicht</u> fachgerecht?

1. Blattsalate sind locker und hoch anzurichten.
2. Der Tellerrand bleibt frei und wird nicht garniert.
3. Beim Anrichten ist auf ein wechselndes Farbspiel der Salate zu achten.
4. Das Dressing wird kurz vor dem Servieren zugefügt bzw. untergehoben.
5. Kräuter werden mit unter die Salatsauce gearbeitet, damit sie ihr Aroma entfalten können.

11. Welche Grundzutaten sind Hauptbestandteil aller klaren und flüssigen Salatsaucen?

(1) Essig
(2) Öl
(3) Wasser
(4) Sojasauce
(5) Fondor
(6) Geschmackgebende Spirituose
(7) Sambal Oelek
(8) Reisstärke
(9) Maggi

Zählen Sie mindestens acht weitere geschmackgebende Zutaten auf, mit denen sich ein Salat ergänzen bzw. verfeinern lässt.

- Gewürze aller Art
- Frische Kräuter (Schnittlauch, Petersilie, Dill, Estragon...)
- Nüsse
- Kapern
- Senf
- Würzsaucen
- Tomatenmark
- Schafskäse
- Ziegenkäse
- Knoblauch

12. Für die Salatzubereitung lassen sich eine Vielzahl von Kräutern verwenden. Welche der nachfolgend genannten Kräuter zählen zu den klassischen Salatkräutern?

(1) Basilikum
(2) Oregano
(3) Thymian
(4) Rosmarin
(5) Schnittlauch
(6) Salbei
(7) Beifuß
(8) Borretsch
(9) Dill

Basilikum

Schnittlauch

Zitronenmelisse

13. **Sie stellen eine Vinaigrette her. Welche der nachfolgend genannten Zutaten sind dafür notwendig? Wählen Sie die geeigneten vier Zutaten aus der Liste aus.**

1. Essig
2. Öl
3. Salz, Pfeffer
4. Senf
5. Knoblauch
6. Estragon
7. Sahne
8. Speckstreifen
9. Weinbrand
10. Zucker
11. Tomatensaft
12. Meerrettich

14. *Vervollständigen Sie den Herstellungshinweis.*

Sie bieten auf Ihrer Mittagskarte einen gemischten Salat an.

Ein gemischter Salat sollte …

1. mindestens aus drei verschiedenen Blattsalaten bestehen.
2. mindestens aus fünf verschiedenen Blattsalaten bestehen.
3. immer aus gegarten und rohen Salatbestandteilen bestehen.
4. farblich einheitlich sein.
5. sollte immer aus dem biologischen Anbau stammen.

15. **Auch zum Salat lassen sich Backwaren anbieten. Wählen sie die geeignete Backwarengruppe aus.**

1. Graubrotscheiben, Weißbrotscheiben und Fladenbrot
2. Fleurons, Käsestangen und Brioche
3. Vollkornbrotscheiben, Ciabatta und Plundergebäck
4. Baguette, Stangenweißbrot, kleine Brötchen
5. Dinkelbrötchen, Kanapees und Schwarzbrot

Bei der Salatauswahl werden häufig saisonale Gemüseangebote verwendet.

Nennen Sie vier mögliche Gründe dafür, warum saisonale Produkte bevorzugt werden sollten.

Saisonale Angebote sind:

- preiswerter
- schonen die Umwelt
- schmackhafter
- stärken die heimischen Erzeuger

Suppen in der „Kleinen Küche“

Besonders beliebt in der „kleinen Küche“ sind Suppen.

Suppenarten in der Konditorei

Klare Suppe

Suppen lassen sich besonders gut für das Angebot im Mittagstisch einsetzen.

Begründen Sie, warum diese Aussage zutreffend ist.

- Suppen lassen sich einfach zubereiten.
- Suppen lassen sich gut vorbereiten und lagern.
- Suppen können einfach und ohne großen Aufwand serviert werden.
- Suppen haben in der Regel geringere Materialkosten.

Nennen Sie eine Regionalsuppe aus Ihrer Region.

- Hamburger Aalsuppe
- Westfälische Kartoffelsuppe
- Schwäbische Brotsuppe
- Münchner Leberknödelsuppe
- Flädlesuppe mit Pfannkuchenstreifen

16. Häufig werden passend zum Mittagstisch auch sogenannte Nationalsuppen angeboten. Welche der folgenden Nationalsuppen kommt ursprünglich aus Italien?

(1) Bouillabaisse
(2) Gazpacho
(3) Gulaschsuppe
(4) Minestrone
(5) Borschtsch

17. In heißen Sommermonaten wird gerne eine kalte Gemüsesuppe serviert. Welche der nachfolgenden Suppen wird in diesem Fall angeboten?

(1) Austernsuppe
(2) Minestrone
(3) Muschelsuppe
(4) Gazpacho
(5) Zwiebelsuppe

18. Suppen lassen sich in Gruppen unterteilen. Welche Einteilung ist sinnvoll?

Kreuzen Sie die zwei zutreffenden Antworten an.

(1) Klare Suppen
(2) Gekochte Suppen
(3) Suppen mit Einlage
(4) Kräutersuppen
(5) Kalte Suppen
(6) Gebundene Suppen

19. **Suppen können auf unterschiedliche Art und Weise gebunden werden. Ordnen Sie die Möglichkeiten der Bindung den entsprechenden Suppen zu.**

(1) Liasion	(a) Kaltschalen
(2) Mehlschwitze	(b) Legierte Suppe
(3) Sago	(c) Cremesuppe

Legierte Suppe

Für klare Suppen werden häufig Einlagen beigefügt. Nennen Sie mögliche Einlagen für eine klare Suppe.

- Teigwaren
- Eierstich
- Gemüsestreifen
- Kräuter

Flädle aus Teigwaren

Sie stellen eine Tomatensuppe nach dem folgenden Rezept her. Benennen Sie mögliche fachlich korrekte Arbeitsschritte zur Herstellung der Tomatensuppe.

80 g Zwiebeln
40 g Butter
20 g Mehl
600 g geschälte Tomaten
100 g Tomatenmark
750 ml Gemüsebrühe
50 g Crème fraîche
Pfeffer, Lorbeerblatt, Salz, Zucker, Zitronensaft, Basilikum

Tomatensuppe

Herstellungsvorschlag:

- Zwiebeln in Butter anschwitzen
- Mehl hinzufügen und abrösten
- Tomaten und Tomatenmark hinzugeben
- Mit Gemüsebrühe aufgießen
- Mit Gewürzen abschmecken
- Aufkochen
- Zum Schluss mit Sahne, Crème fraîche abschmecken und mit Basilikum garnieren

20. Sie stellen Eierstich für eine klare Suppe her. Bringen Sie die nachfolgenden Arbeitsschritte in die fachlich korrekte Reihenfolge.

(1) Milch aufkochen und zu den Eiern geben
(2) Eier mit Salz und Muskat würzen
(3) Eigelb und Eier verrühren
(4) Im Wasserbad pochieren
(5) Masse in eine gebutterte Porzellanform geben
(6) Eierstich abkühlen lassen und in Würfel schneiden

21. Sie stellen für den Mittagstisch eine Püreesuppe her. Welche der nachfolgenden Gemüsegruppen ist dafür besonders geeignet?

(1) Lauch und Wirsing
(2) Kürbis und Kartoffeln
(3) Gurken und Kohlrabi
(4) Zwiebeln und Spargel
(5) Weißkohl und Steckrüben

22. Sie finden auf der Karte in Ihrem Café den Begriff Consommé vor. Welche der nachfolgenden Suppen ist gemeint?

(1) eine Minestrone
(2) eine Fischsuppe
(3) eine Cremesuppe vom Hummer
(4) eine Kraftbrühe aus Rindfleisch
(5) kalte Gemüsesuppe

Eigelb und Sahne zur Herstellung einer legierten Suppe

Nachfolgend finden Sie einige Aussagen zum Thema Suppen in der Konditorei. Kreuzen Sie die jeweils richtigen Aussagen an.

		richtig	falsch
1	Die Besonderheit von Püreesuppen besteht darin, dass sie mit Weizenstärke gebunden werden.		X
2	Suppen eignen sich in der Konditorei weniger, weil der Arbeitsaufwand zu groß ist.		X
3	Zu den Nationalsuppen zählt die Bouillabaisse.	X	
4	Beim sogenannten Klären von Suppen muss diese während des Klärvorganges ständig gerührt werden, damit sie nicht ansetzt.		X
5	Suppeneinlagen, wie z. B. der Eierstich, werden in der Suppe gegart.		X

Sie finden die folgende Zutatenliste für eine Kartoffelsuppe. Beschreiben Sie die fachgerechte Herstellung einer Kartoffelsuppe.

Zwiebeln, Lauch, Speckwürfel, Butter, Kartoffeln, Sahne, Fleischbrühe, Petersilie, Salz, Muskat

- Mehlig kochende Kartoffeln schälen und würfeln
- Speck auslassen
- Gemüsezwiebel würfeln und hell anschwitzen
- Mit Brühe ablöschen
- Kartoffeln hinzufügen
- Geputzte und geschnittene Möhren, Porree, Lauch und Sellerie hinzufügen
- Kurz vor dem Kochende Petersilie zufügen
- Kartoffelsuppe pürieren und mit Salz, Pfeffer und Muskat abschmecken
- Zum Schluss Sahne zufügen

Neben den Suppen sind auch Eintöpfe für den Mittagstisch in Konditoreien besonders geeignet.

Nennen Sie fünf mögliche Eintöpfe, die für den Verkauf im Mittagsgeschäft denkbar sind.

- Linseneintopf
- Serbischer Bohneneintopf
- Pichelsteiner Eintopf
- Lammeintopf
- Bohneneintopf

Sie stellen eine Kaltschale her. Welche Früchte werden Sie zur Herstellung einer Kaltschale nutzen?

- Kirschen
- Aprikosen
- Himbeeren
- Erdbeeren
- Pfirsiche

Himbeeren zur Herstellung einer Kaltschale

Neben den klassischen Suppen greifen wir in der Konditorei häufig auf vorgefertigte Brühen und Suppen zurück. Dies hat verschiedene Vorteile.

Nennen Sie fünf Vorteile, die für den Einsatz dieser Halbfertigprodukte sprechen.

- Die Halbfertigprodukte können als Grundlage oder Erweiterung der eigenen Suppenherstellung dienen.
- Sie sind preiswerter in der Herstellung.
- Sie bieten bei fachgerechter Zubereitung eine gleichbleibende Qualität.
- Sie sind ständig verfügbar und lassen sich gut vorbereiten.
- Sie sind in der Regel hygienisch einwandfrei.
- Es wird keine Fachkraft zur Herstellung der Suppen benötigt.

Keine Vorteile ohne mögliche Nachteile. Nennen Sie drei Nachteile, die gegen den Einsatz vorgefertigter Suppen und Eintöpfe sprechen könnten.

- Das Speisenangebot wird vergleichbar.
- Es erfolgt keine oder nur eine geringe Abgrenzung gegenüber Mitbewerbern.
- Es schmeckt eben nur wie eine „Dosensuppe“.
- Der Umsatz lässt sich mit Fertigsuppen nicht ausreichend steigern.
- Das „Durchschnittsangebot“ färbt auf alle anderen Produkte ab.

29. Sie stellen eine Püreesuppe her. Die Bindung erhält die Püreesuppe durch ...

1. Sahne, die erhitzt wird.
2. Stärke.
3. Gelatine.
4. das Pürieren des Hauptrohstoffes, aus dem die Suppe hergestellt wird.
5. Soßenbinder.

30. Sie werben für das Suppenangebot in Ihrer Konditorei. Wählen Sie ein geeignetes werbewirksames Motto aus.

1. Unsere Suppen schmecken.
2. Bei uns macht auch die Suppe satt.
3. Der Suppenkaspar sind Sie.
4. Unsere Suppen löffelt man gerne aus.
5. Bessere Suppen haben Sie noch nicht gegessen.

31. Kanapees sind oft nachgefragte kleine appetitanregende und dekorative Vorspeisen.

Vervollständigen Sie den Satz.

Sie bestehen aus ...

1. Brot, Butter, Belag und einer Garnierung.
2. einer Auswahl verschiedener kleiner gratinierter Nudelgerichte.
3. einer Toastscheibe mit Schinken und überbackenem Käse.
4. gefülltem, herzhaftem Blätterteiggebäck.
5. aus verschieden gefüllten Pasteten.

Kanapees

32. *Vervollständigen Sie den Satz und bestimmen Sie die zwei zutreffenden Servierhinweise.*

Kanapees ...

1. werden auf kleinen Desserttellern serviert.
2. werden als „Fingerfood" in großen Löffeln angeboten.
3. stellt sich jeder Gast auf Wunsch selbst zusammen.
4. werden in kleinen Papierservietten angeboten.
5. werden auf repräsentativen Platten oder Spiegeln serviert.
6. werden à la minute von den Servicekräften zubereitet.

33. Bringen Sie die Arbeitsschritte zur Herstellung von Kanapees in die fachgerechte Reihenfolge

1. Brotscheiben mit „wertvollen“ Rohstoffen belegen
2. Brotscheiben ausgarnieren
3. Brotmanschetten ggf. mit abgekühltem Aspik abglänzen
4. Brot in runden, ovalen, eckigen, rautenförmigen Formen ausstechen, ausschneiden
5. Brotscheiben mit Butter, einer Buttermischung oder Mayonnaise bestreichen
6. Brotscheiben in Servietten oder Papiermanschetten auf Platten anrichten

34. Wählen Sie aus den nachfolgend aufgeführten Kanapees die Gruppe aus, die den fachlichen Anforderungen entspricht.

1. Pumpernickel, Butter, Leberwurst und Gurke
2. Graubrot, Frischkäse, Edamer und Erdbeeren
3. Stangenweißbrot, Mayonnaise, Bierschinken und Schnittlauch
4. Kastenweißbrot, Kräuterbutter, Lachsschinken und Mandarinen
5. Geröstetes Weißbrot, Butter, Räucherlachs, Ei, Mayonnaise und Dill

35. *Vervollständigen Sie den Satz.*

Häufig werden in der Konditorei auch Toasts als Zwischenmahlzeit angeboten. Bekannt und beliebt ist der Hawaii-Toast. Dabei handelt es sich …

1. um einen Toast, der ausschließlich in Hawaii produziert und verschickt wird.
2. um einen Toast, der mit Schmelzkäse und Cocktailfrüchten garniert wird.
3. um einen Toast der mit Schinken, Käse und einer Hawaiikirsche angeboten wird.
4. um einen Toast mit gekochtem Schinken, einer Ananas und überbackenem Käse.
5. um einen ungerösteten Toast, der mit Ananas und Frischkäse angeboten wird.

36. Bestimmen Sie die Gruppe von Speisen, die am ehesten für den Mittagstisch in einer Konditorei geeignet sein könnte.

1. Meeresfrüchte, Fisch und Wildgerichte
2. Suppen, Geflügel und Muscheln
3. Aufläufe, Gratins, Teigwaren
4. Süßspeisen, Grillspeisen und Suppen
5. Pizzen, Pasteten und Pilzgerichte

37. Omeletts sind auch als Imbiss und Zwischenspeise als „Kleines Gericht“ beliebt.

Omelett mit Füllung

Bringen Sie die Arbeitsschritte zur Zubereitung eines Omeletts in die richtige Reihenfolge.

1. Pfanne nach vorne neigen, so dass die geronnene Eimasse in den vorderen Pfannenteil rutscht
2. Omelett ggf. füllen und zusammenschlagen
3. Omelett auf einen vorgewärmten Teller geben
4. Eier aufschlagen, würzen und mit dem Schneebesen gut vermengen
5. Butter in einer Pfanne erhitzen
6. Eimasse in die Pfanne gießen, mit der Gabel verrühren und stocken lassen
7. Omelett mit einem Butterstück abglänzen

Internationale Zwischenmahlzeiten

Im Herbst bieten sich besonders zur Weinlese bestimmte schnell zuzubereitende Gerichte an. Nennen Sie drei geeignete Speisen.

- Zwiebelkuchen
- Flammkuchen
- Quiches

38. Für den Grundteig einer Quiche wird …

Kreuzen Sie die zwei zutreffenden Antworten an.

1. ein Blätterteig verwendet
2. ein Mürbeteig verwendet
3. ein Hefeteig verwendet
4. ein Pfannkuchenteig verwendet
5. ein Quark-Öl Teig verwendet
6. ein leicht gezuckerter Buttermürbeteig verwendet

Quiche

39. Bestimmt man die weiteren Hauptzutaten einer Quiche Lorraine, so bestehen diese hauptsächlich aus …

1. Eigelb, Milch, Lachs und Käse
2. Eiern, Sahne, Zwiebeln, Speck und Käse
3. Sahne, Crème fraîche, Mozzarella und Ricotta
4. Mayonnaise, Milch, Sahne, Pilzen und Zwiebeln
5. Eiern, Milch, Sahne, Zwiebeln und Paprika

40. **Die Quiche Lorraine ist auch bekannt als...**

1. Badener Fleischpflanzerl
2. Elsässer Eierkuchen
3. Straßburger Spinattorte
4. Colmarer Fischbrot
5. Lothringer Specktorte

41. **Für den Einsatz in der „Kleinen Küche" der Konditorei eignen sich auch viele internationale „Imbissspezialitäten.**

Ordnen Sie die Speisen den jeweiligen Herkunftsländern zu.

(1) Flammkuchen	(a) USA
(2) Tortilla	(b) Italien
(3) Bagel	(c) Elsass
(4) Bruschetta	(d) Mexiko
(5) Smörrebröd	(e) Dänemark

Bagel mit Schinken

Bruschetta

Getränke in der „Kleinen Küche"

42. *Vervollständigen Sie den Satz.*

Sie servieren Tee. Dabei berücksichtigen Sie, dass Tee, der ...

1. länger zieht, eine anregende Wirkung entfaltet.
2. kürzer zieht, eine anregende Wirkung entfaltet.
3. fermentiert ist, ermüdet.
4. grün ist, mit kochendem Wasser übergossen werden muss.
5. nicht fermentiert ist, in kaltem Wasser ziehen muss.

Teeservice

43. *Bestimmen Sie die Kaffeesorten und vervollständigen Sie die zwei zutreffenden Sätze.*

Die Hauptkaffeesorten, aus denen unser Kaffee hergestellt wird, bezeichnet man als …

1. Hochlandkaffee
2. Bergkaffee
3. Flachlandkaffee
4. Tieflandkaffee
5. Küstenkaffee
6. Äquatorkaffee

44. Aufgussgetränke enthalten unterschiedliche Wirkstoffe. Kakaogetränke enthalten den Wirkstoff …

1. Tein
2. Lezithin
3. Theobromin
4. Karotin
5. Baldrian

45. *Nennen Sie die zutreffende Beschreibung und vervollständigen Sie den Satz.*

Sie hingegen trinken viel lieber Malzkaffee. Dabei handelt es sich um …

1. Kaffeebohnen, die nicht geröstet werden.
2. ein Getreideprodukt.
3. stark geröstete Bohnen mit einem starken Malzaroma.
4. Kaffee, der viel Theobromin enthält.
5. Kaffeebohnen, die nicht fermentiert wurden.

46. Zu Ihrem Kaffee trinken Sie H-Milch. Nennen Sie die zutreffende Definition.

1. H-Milch wird ausschließlich kondensiert.
2. H-Milch ist Rohmilch ohne Rahm.
3. H-Milch wird pasteurisiert.
4. H-Milch wird sterilisiert.
5. H-Milch wird homogenisiert und dann entkristallisiert.

Weinbau in Deutschland

Deutschland gehört zu den nördlichsten Weinanbaugebieten der Welt. Das kühle kontinentale Klima, unterschiedlichste Bodenformationen und eine Mindestdauer von ca. 1600 Sonnenstunden erlauben überhaupt den Anbau von Weinreben in Deutschland. Um einen guten Wein produzieren zu können, ist neben der Hanglage auch die Sonneneinstrahlung von Bedeutung, sowie die Gewässernähe und eine entsprechende Bodenqualität. Insgesamt gibt es 13 Weinanbaugebiete in Deutschland.

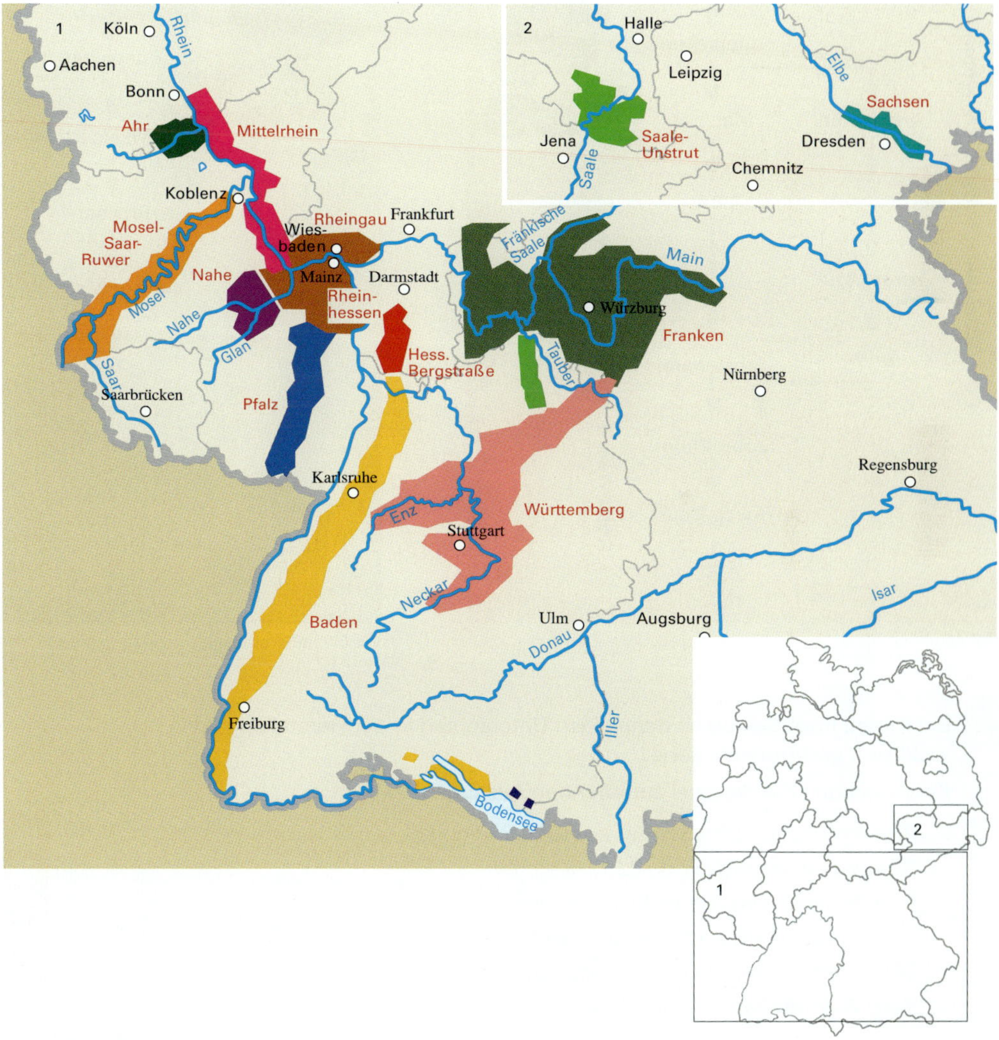

Weinanbaugebiete in Deutschland

Die Herstellung von Rotwein und Weißwein ist unterschiedlich. Während bei der Weißweinherstellung der Most vergoren wird, wird bei der Rotweinherstellung die Maischegärung genutzt, um die Geschmacksstoffe und Farbstoffe aus der roten Rebe herauszulösen.

Weinherstellung von Rotwein und Weißwein

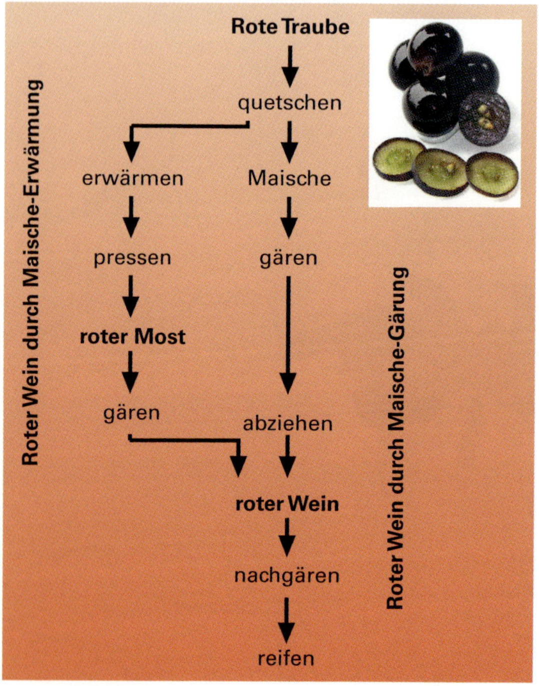

Rotweinherstellung

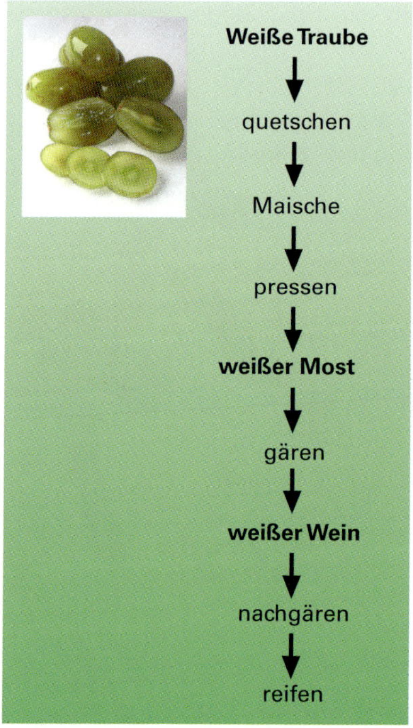

Weißweinherstellung

47. Ein Kunde fragt Sie, ob es denn einen Unterschied in der Herstellung von Weißwein und Rotwein gebe.

Kennzeichnen Sie die zwei zutreffenden Aussagen.

1. Rotwein wird ausschließlich in der Flasche vergoren.
2. Beim Weißwein wird nur der Most vergoren.
3. Beim Rotwein wird nur der Most vergoren.
4. Beim Rotwein wird zunächst die Maische vergoren.
5. Beim Weißwein findet keine Gärung statt.
6. Beim Weißwein wird nur die Maische vergoren.

Unter Berücksichtigung der EU-Verordnung werden nur noch zwei Qualitätsgruppen von Wein unterschieden:

- Tafelwein
- Qualitätswein

Diese beiden Hauptgruppen lassen sich jedoch weiter unterteilen. Zur 1. Gruppe zählen der Tafelwein mit ausschließlich in Deutschland geernteten Trauben und zur 2. Gruppe zählt der Qualitätswein, dem eine Prüfnummer zugeteilt werden muss.

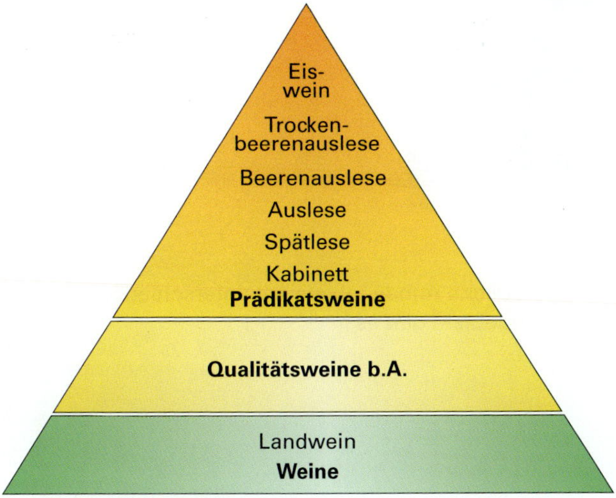

Güteklassen deutscher Weine

48. Sie erklären einer Kundin, was den Champagner im Vergleich zu anderen Schaumweinen auszeichnet.

Welche zwei der folgenden Aussagen sind nicht zutreffend?

Champagner ...

1. darf auch in Deutschland hergestellt werden, wenn er mit der Flaschengär-Methode erzeugt wird.
2. stammt nur aus der Champagne.
3. wird ausschließlich nach der Flaschengär-Methode erzeugt.
4. wird in einem aufwendigen Verfahren „gerüttelt“, damit sich das Hefedepot absetzt.
5. hat einen Mindestalkoholgehalt von 32 %.
6. wird degorgiert

49. Die Rebsorten beeinflussen die Farbe des Weines.

Ordnen Sie die nachfolgenden Rebsorten den Weißwein- und Rotweinrebsorten zu.

1. Weißwein
2. Rotwein

a) Riesling
b) Kerner
c) Spätburgunder
d) Merlot
e) Trollinger
f) Grauburgunder
g) Müller-Thurgau
h) Dornfelder

Weißweinrebe

Rotweinrebe

50. **Deutschland verfügt über viele unterschiedliche Anbaugebiete mit unterschiedlichen Anbaubedingungen. Wie viele Weinanbaugebiete gibt es?**

1. 13 Weinanbaugebiete
2. 9 Weinanbaugebiete
3. 12 Weinanbaugebiete
4. 16 Weinanbaugebiete
5. 11 Weinanbaugebiete

51. **Wählen Sie in den nachfolgenden Angaben drei fehlerhafte Begriffe aus, die kein Weinanbaugebiet darstellen.**

1. Rheingau
2. Franken
3. Rhön
4. Nahe
5. Neckar
6. Saale-Unstrut
7. Oberrheinische Tiefebene
8. Magdeburger Börde
9. Baden

52. **Der deutsche Wein wird in Güteklassen unterteilt. Ordnen Sie die Weine nach ihren Güteklassen.**

1. Eiswein
2. Wein
3. Beerenauslese
4. Landwein
5. Kabinett
6. Spätlese
7. Auslese
8. Trockenbeerenauslese

53. **Ordnen Sie die vier ausgewählten Erklärungen den Qualitätsbezeichnungen zu.**

1. Eiswein
2. Kabinett
3. Spätlese
4. Trockenbeerenauslese

a) wird nur aus vollreifen Trauben gewonnen, die unreifen und kranken Beeren werden ausgesondert.
b) wird nur aus edelfaulen Beeren gewonnen, die nach dem ersten Frost gelesen werden.
c) kennzeichnet die erste Prädikatsstufe.
d) Wein aus eingeschrumpften edelfaulen Beeren.

54. **Bestimmen Sie, was unter Schaumweinen zu verstehen ist, und vervollständigen Sie den Satz.**

Schaumweine ...

1. haben in der Regel eine zweite „Gärung“.
2. dürfen nur aus Frankreich kommen.
3. werden nur aus bestimmten Rebsorten hergestellt.
4. dürfen in Deutschland nur als Crémant verkauft werden.
5. dürfen in Deutschland als Prosecco verkauft werden.

Schaumweine

55. **Ihnen liegt das folgende Weinetikett vor.**

Ordnen Sie die Nummern den Buchstaben a–k auf dem Weinetikett zu.

1. Anbaugebiet
2. Erzeuger/Abfüller
3. Geschmacksbezeichnung
4. genaue Herkunftsbezeichnung
5. Jahrgang
6. Rebsorte
7. Prädikat
8. Prädikatsstufe
9. Alkoholgehalt
10. Prüfnummer
11. Nennvolumen

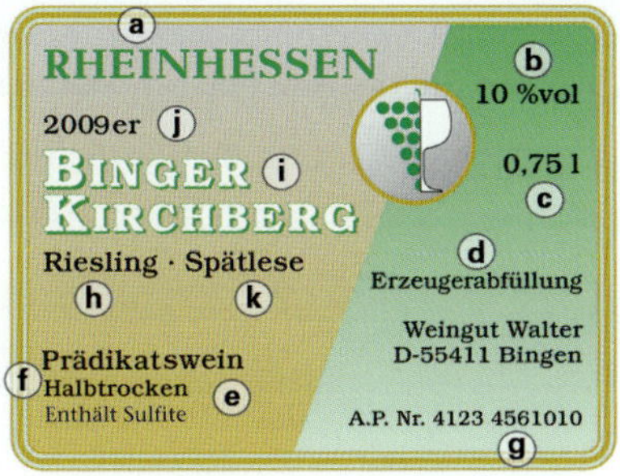

Bei der Verkostung von Wein hat sich nicht nur unter Weinkennern eine Fachsprache etabliert. Man spricht von Blume, Abgang, eingebundenen Taninen und bestimmten Aromen, nach denen man den Geschmack des Weines beschreiben kann. Für die Verkostung (Degustation) lassen sich die nachfolgenden drei Schritte kennzeichnen.

Farbe und Klarheit prüfen

Das Glas wird gegen das Licht gehalten.

Sehen → Klarheit → Farbe → Aussehen

Blume riechen

Man gibt dem Glas eine leicht kreisende Bewegung. Dadurch lösen sich die Duft- und Aromastoffe. Sie geben dem Wein die Blume.

Riechen → Duftstoffe → Blume → Bukett

Geschmack prüfen

Erst jetzt nimmt man einen kleinen Schluck. Zunge und Gaumen prüfen die Fülle der Geschmacksstoffe. Man „beißt" den Wein.

Schmecken → Geschmacksstoffe → Aroma → Bukett

Schmecken → Extraktstoffe Alkohol → Körper

56. Um Weine beschreiben und empfehlen zu können, werden bestimmte Fachbegriffe eingesetzt. Wählen Sie die drei entsprechenden Fachbegriffe der „Weinsprache" aus.

1. Körper
2. Durchgang
3. Aroma
4. Botschaft
5. Abfluss
6. Blume
7. Abgang
8. Strauch
9. Kraft

57. **Schaumweine werden gerne als Aperitif getrunken. Dabei werden häufig Zusätze verwandt, die mit der angenehm moussierenden Eigenschaft des Sektes harmonieren.**

Wählen Sie die geeigneten zwei Zusätze aus.

(1) Apfelsaft
(2) Zitronensaft
(3) Kaffeelikör
(4) Orangensaft
(5) Cassis
(6) Biermixgetränk

58. **Zum Getränkeservice gehört auch die Auswahl des richtigen Glases.**

Ordnen Sie die Gläser den entsprechenden Getränken zu.

(1) Rotwein
(2) Sherry
(3) Spirituose
(4) Whiskey
(5) Cognac
(6) Sekt

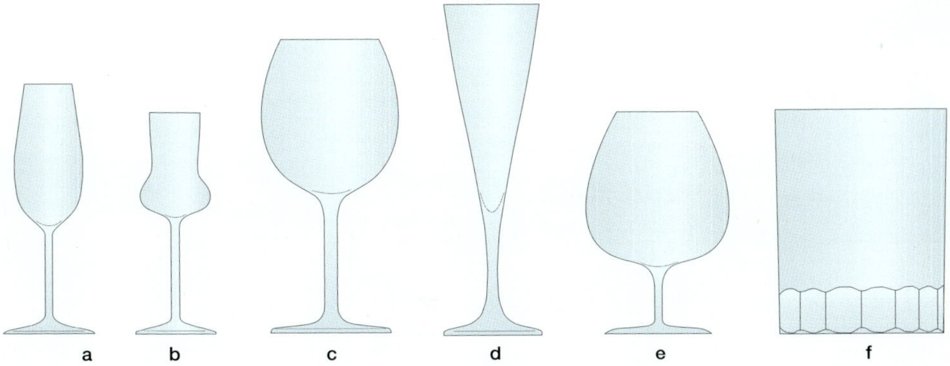

Serviertemperaturen

Getränkeart	Getränkebeispiele	Serviertemperatur (°C)
Erfrischungsgetränke	• Mineralwässer • Fruchtgetränke, Limonaden	8–10
Bier	• helle Sorten • dunkle Sorten	6–9 9–12
Wein	• Roséwein • Weißwein • Weißwein, gehaltvoll • Rotwein • Rotwein, gehaltvoll	9–11 9–11 10–12 12–14 16–18
Likörwein	• trocken • süß	10–12 16–18
Schaumwein	• weiß und rosé • rot	6–8 5–7
Liköre	• im Allgemeinen • Magenbitter	10–12 16–18
Brände und Geiste	• Korn, Wacholder, Genever • Steinhäger, Wodka, Gin • Enzian	0–4
	• Geiste: Aprikosen, Himbeeren • Wasser: Kirschen, Zwetschgen	5–7
	• Hochwertige Obstbrände: Williamsbirne, Mirabelle, • Marc, Grappa, • Weinbrand, Cognac • Whisky	16–18

59. **Neben der Glasauswahl ist auch die entsprechende Trinktemperatur von Bedeutung. Ordnen Sie die nachfolgenden Temperaturwerte den entsprechenden Weinen zu.**

(1) Prosecco	(a) 10 Grad Celsius
(2) Leichte Rieslingweine	(b) 12 Grad Celsius
(3) Schwerer Weißwein	(c) 14 Grad Celsius
(4) Einfacher, junger Rotwein	(d) 8 Grad Celsius
(5) Kräftiger Rotwein	(e) 16 Grad Celsius
(6) Schwerer Rotwein	(f) 18 Grad Celsius

60. *Bestimmen Sie notwendige „Weinvorbereitung" und vervollständigen Sie den Satz.*
Werden schwere, gereifte Rotweine getrunken, werden diese vor dem Servieren...

1. frappiert
2. geschüttelt
3. dekantiert
4. erhitzt
5. gekühlt

61. *Bestimmen Sie den Weinfehler und vervollständigen Sie den Satz.*
Es kommt vor, dass Weine fehlerhaft sind. Zu dem bekanntesten Weinfehler zählt der...

1. Winzerfehler
2. Depotfehler
3. Essigfehler
4. Korkschmecker
5. Weinkellergeruch

62. Nachfolgend finden Sie die Bezeichnungen für verschiedene Schaumweine. Ordnen Sie die Begriffe den entsprechenden Erklärungen zu.

(1) Prosecco	(a) Schaumweine, die nach dem Champagnerverfahren außerhalb der Champagne hergestellt werden und mindestens 9 Monate auf der „Hefe liegen müssen"
(2) Asti Spumante	(b) Süßer italienischer Schaumwein mit einem geringen Alkoholgehalt
(3) Crémant	(c) Geschütze Bezeichnung für einen Schaumwein aus dem Norden Frankreichs
(4) Champagner	(d) Feinperliger Schaumwein aus Venetien in Italien

63. Die deutschen Bierhersteller werben mit dem deutschen Reinheitsgebot für ihr Bier. Danach dürfen nur bestimmte Zutaten verwendet werden. Wählen Sie die vier entsprechenden Zutaten aus.

1. Hefe
2. Zucker
3. Malz
4. Zuckercouleur
5. Aromen
6. Roggen
7. Hopfen
8. Wasser
9. Weizenstärke
10. Reisstärke
11. Honig
12. Koffein

Hopfen

64. *Bestimmen Sie die zwei Unterscheidungsmerkmale und vervollständigen Sie die zwei Sätze.*

Häufig wird zwischen obergärigem und untergärigem Bier unterschieden. Der Unterschied besteht darin, dass …

1. beim obergärigen Bier die Hefe nach dem Gären oben schwimmt.
2. obergäriges Bier mit Zusätzen wie Zucker versehen wird.
3. untergäriges Bier keine Kohlensäure bildet.
4. die Hefe sich beim untergärigen Bier am Boden absetzt.
5. obergärige Biere weniger schäumen als untergärige Biere.
6. untergärige Biere ohne Hefe hergestellt werden.

65. Ordnen Sie die folgenden Biersorten den Oberbegriffen zu:

1. Obergäriges Bier
2. Untergäriges Bier

a) Kölsch
b) Pils
c) Altbier
d) Weizenbier
e) Export
f) Lager

Fruchtsäfte, Nektar und Fruchtsaftgetränke

Alkoholfreie Erfrischungsgetränke sind unverzichtbar. Sie unterscheiden sich jedoch hinsichtlich ihres tatsächlichen Fruchtsaftgehaltes. Fruchtsaft wird zu 100 % aus Früchten hergestellt. Dies können auch Getränke sein, die aus Fruchtsaftkonzentraten rückverdünnt werden.
Bei den Fruchtnektaren liegt der Mindestgehalt an Fruchtsaft oder Fruchtmark zwischen 25 % und 50 %. Fruchtsaftgetränke und Limonaden enthalten deutlich geringere Anteile an Früchten und werden häufig mit Mineralwasser oder Tafelwasser hergestellt und zudem mit Aromaextrakten versehen.

Fruchtsaftgehalt von Getränken

66. Wählen Sie aus den nachfolgend genannten Erfrischungsgetränken drei geeignete „Durstlöscher“ aus.

1. Brause
2. Apfelschorle
3. Limonade
4. Energy-Drink
5. Biermixgetränk
6. Mineralwasser
7. Tafelwasser
8. Fruchtsaft
9. Kaffee

67. Ordnen Sie den folgenden Getränken die entsprechenden Erklärungen zu.

1. Quellwasser
2. Mineralwasser
3. Tafelwasser
4. Heilwasser

a) Hygienisch einwandfreies Trinkwasser
b) Ursprung in unterirdischen geschützten Quellen
c) Ursprung aus unterirdischen Wasservorkommen
d) Besitzt den Status eines Arzneimittels und wird für Trinkkuren eingesetzt und nach der Arzneimittelverordnung behandelt

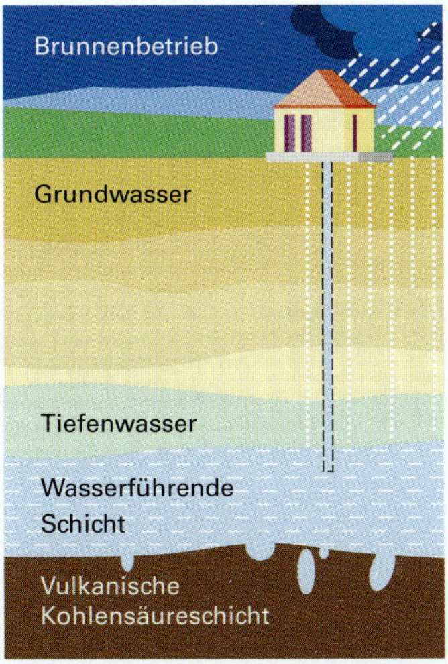

Mineralwasserquelle

Das sollten Sie nach der Bearbeitung des 5. Lernfeldes wissen:

1. Sie können kleine Speisen für den Mittagstisch zusammenstellen und kennen die Grundlagen der Zubereitung für Suppen, Salate, kleine Tellergerichte und Zwischenmahlzeiten.
2. Sie kennen alkoholfreie Getränke und die verwendeten Rohstoffe.
3. Sie beraten Gäste und empfehlen alkoholhaltige Getränke und unterscheiden diese nach den verwendeten Rohstoffen, ihrer Herkunft und ihrem Herstellungsverfahren.

4.6 Herstellen von Feinen Backwaren aus Massen

Massen unterscheiden sich von Teigen durch den Anteil der verwendeten Hauptrohstoffe. Während bei den Teigen hauptsächlich Mehl verarbeitet wird, sind es bei den Massen Eier. Die Herstellung der unterschiedlichen Produkte aus Massen erfordert eine umfassende Fachkenntnis. Daher wird häufig bei der Herstellung auf Convenience-Produkte zurückgegriffen.
Massen lassen sich nach dem verwendeten Herstellungsverfahren und ihrer Rezeptur unterscheiden.

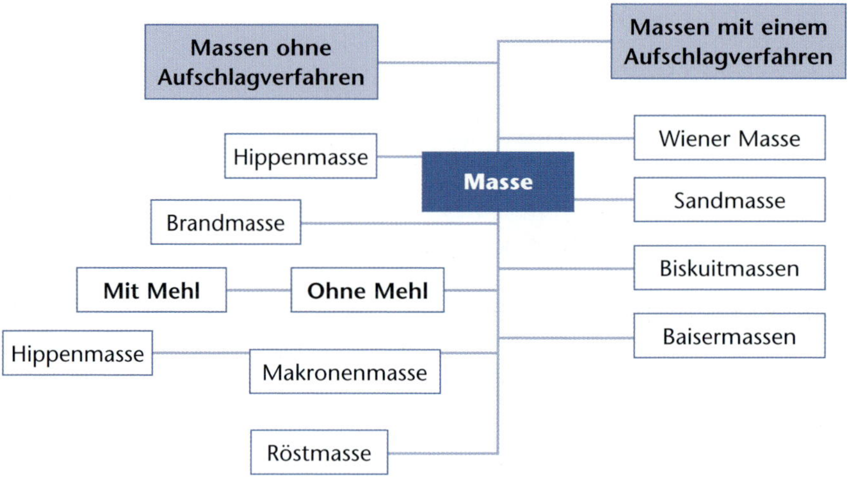

1. **Massen lassen sich anhand Ihrer Hauptbestandteile bestimmen. Welche der nachfolgenden Zusammensetzungen gelten allgemein für die Massen?**

① Mehl, Eier, Fett
② Zucker, Butter, Mehl
③ Mehl, Zucker, Honig
④ Eier, Mehl und Zucker
⑤ Stärke, Eier und Milch

2. **Massen unterscheiden sich in der Herstellungsweise von den Teigen. Welche zwei der nachfolgend genannten Verarbeitungstechniken treffen nicht auf eine Masse zu?**

① Kneten
② Rühren
③ Schlagen
④ Rösten
⑤ Ziehen
⑥ Trocknen

3. *Bestimmen Sie die Art der Lockerung und vervollständigen Sie den Satz.*

Für die Lockerung einer Wiener Masse ...

1. wird ausschließlich Backpulver verwendet.
2. ist hauptsächlich das schaumig geschlagene Fett verantwortlich.
3. ist der zugegebene Schwaden während des Backens verantwortlich.
4. ist die Hefe zuständig.
5. ist die eingeschlagene Luft verantwortlich.

Wiener Boden

Merkmale von Massen und Teigen

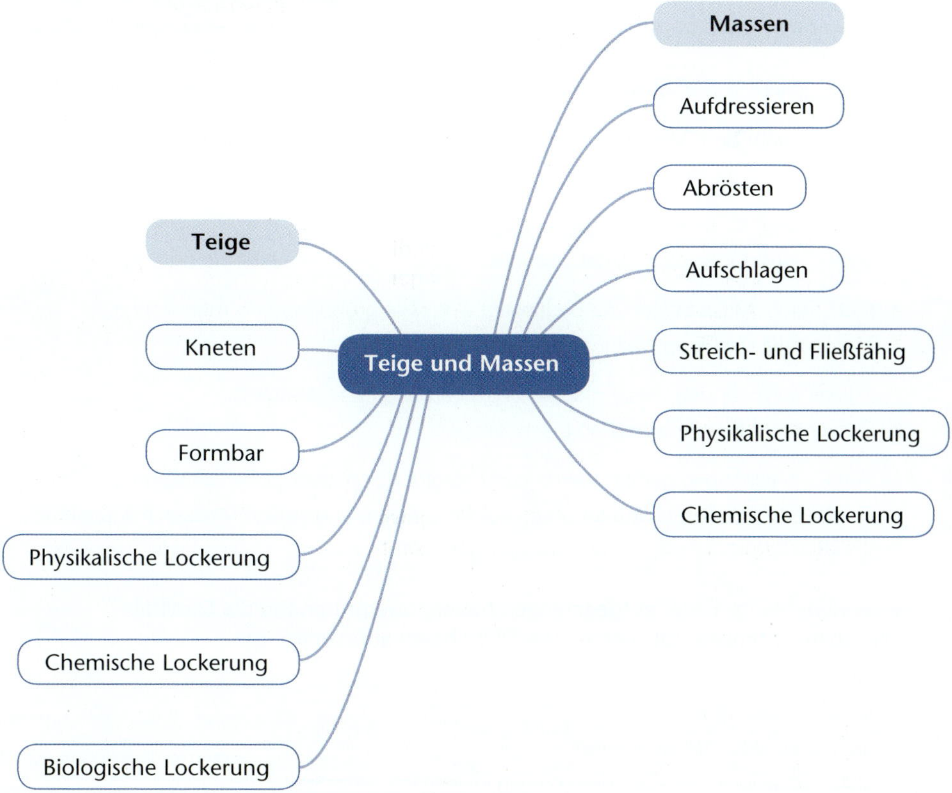

Unterschiede zwischen Teigen und Massen

Damit Eiklar optimal aufgeschlagen werden kann, sind einige Voraussetzungen zu beachten. Welche?

- Das Eiklar wird mit einem feindrahtigen Rührbesen aufgeschlagen.
- Der Kessel muss fettfrei sein.
- Das Eiklar wird bei einer hohen Umdrehungszahl aufgeschlagen.
- Das Eiklar wird mit Zucker aufgeschlagen, um die Schaumbildung zu verbessern.

Um ein optimales Backergebnis zu erzielen, ist es notwendig, die technologischen Eigenschaften der verwendeten Rohstoffe zu kennen. Bestimmen Sie je zwei backtechnologische Eigenschaften der nachfolgend genannten Rohstoffe.

- Eiklar
- Eigelb
- Stärke
- Mehl
- Zucker
- Fett

- Eiklar beeinflusst die Schaumbildung und die Volumenbildung, es hält die eingeschlagene Luft fest.
- Eiklar gerinnt und trägt somit zur Gerüstbildung und Verfestigung der Krume bei.

- Eigelb erhöht den Geschmackswert und verlängert die Frischhaltung.
- Eigelb macht die Krume feinporig und bewirkt eine Gelbfärbung des Gebäcks.

- Stärke sorgt für eine feinporige, sandige und zarte Krume.
- Stärke sorgt für einen stabilen Eischnee.

- Mehl macht Massen zäh und begünstigt eine eher grobporige Krumenbildung.
- Mehl bindet die Flüssigkeit in der Masse.

- Zucker sorgt für den Geschmack und die Färbung des Gebäckes.
- Zucker sorgt für einen stabilen Eischnee.

- Fett kann schaumig gerührt werden und sorgt für eine zusätzliche Lockerung.
- Fett ist ein Geschmacksträger und sorgt für schwere und saftige Massen mit längerer Frischhaltung.

**Nachdem Sie Ihr Eiklar aufgeschlagen haben, überprüfen Sie die Qualität.
Wie sollte optimal aufgeschlagenes Eiklar beschaffen sein?**

Es sollte...

- einen stabilen Stand besitzen.
- ein großes Volumen aufweisen.
- nicht ausgeflockt sein, sondern cremig in der Beschaffenheit.

4. Damit eine Masse optimal aufschlägt, sind verschiedene Voraussetzungen zu treffen. Dazu gehört, dass ...

① Rührbesen verwendet werden, die grobdrahtig sind.
② Rührbesen verwendet werden, die feindrahtig sind.
③ die verwendeten Kessel mit Trennspray behandelt werden.
④ die Masse zu Beginn des Schlagens ohne Salz und Zucker aufgeschlagen wird.
⑤ die Masse bei niedriger Umdrehungszahl aufgeschlagen wird.

Ideal aufgeschlagene Wiener Masse

Fehlerquellen bei Gebäcken aus Biskuitmasse – Benennen Sie die Ursachen für die Gebäckfehler.

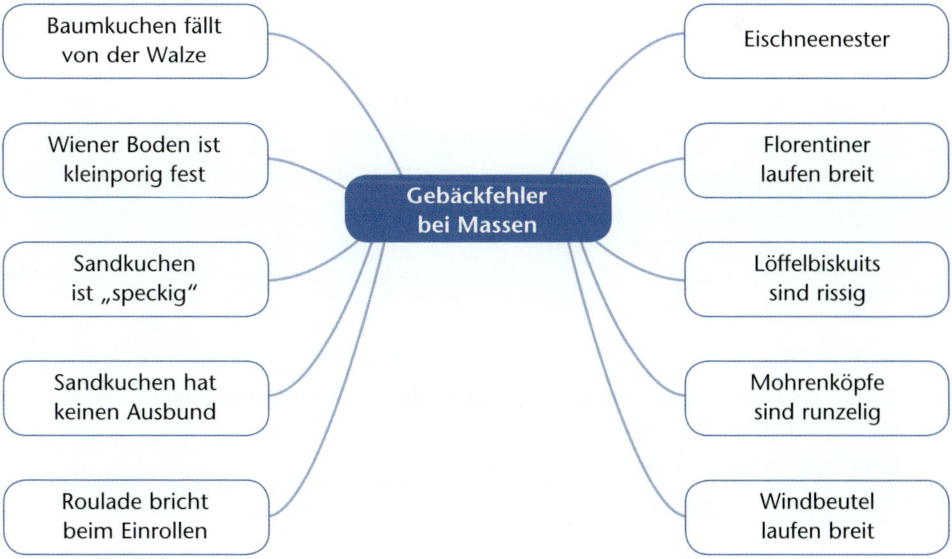

Gebäckfehler in der Übersicht

Fehlerquellen

- Die Baumkuchenwalze wurde nicht ausreichend vorgewärmt.
- Wiener Boden wurde zu lange und zu stark meliert, überschlagen.
- Während des Backens wurde der Sandkuchen angestoßen, zu stark aufgeschlagen.
- Sandkuchen wurde zu früh oder zu spät eingeschnitten.
- Roulade wurde zu kalt und zu lange gebacken.
- Eischnee war flockig und wurde nicht fachgerecht meliert.
- Temperatur der Röstmasse war nicht hoch genug.
- Oberfläche der Löffelbiskuits wurde nicht ausreichend gezuckert, Zug nicht gezogen.
- Zug war beim Abbacken der Mohrenköpfe geschlossen, Ofen zu kalt.
- Brandmasse wurde nicht hinreichend abgeröstet.

Löffelbiskuit

Tipps zur Herstellung von Sandmassen

- Butter wird bei Raumtemperatur aufgeschlagen, gerührt (20 °C).
- Die Eier sollten die gleiche Temperatur wie das Fett haben.
- Das Backpulver sollte mit dem Mehl zusammen gesiebt werden.
- Um ein „Grisseligwerden“ zu verhindern, kann der Butter etwas Weizenpuder zugefügt werden.

5. **Sie bereiten eine Wiener Masse vor. Bestimmen Sie den Herstellungshinweis und vervollständigen Sie den Satz.**

Dabei achten Sie darauf, dass die Masse …

① kalt aufgeschlagen wird.
② zunächst kalt und dann warm aufgeschlagen wird.
③ zuerst bis ca. 80 °C erwärmt wird.
④ warm und dann kalt ausgeschlagen wird.
⑤ nur kurz (2–3 Minuten) aufgeschlagen wird.

6. **Bestimmte Biskuitmassen, z. B. Rouladen, lassen sich unterschiedlich herstellen.**
Welcher der nachfolgenden Herstellungshinweise ist nicht zutreffend?

1. Eigelb mit einem Drittel des Zuckeranteils schaumig schlagen
2. Eigelb und Eiklar getrennt voneinander verarbeiten
3. Vollei und Aromen aufschlagen und das Mehl melieren
4. Vollei warm aufschlagen und kalt ausschlagen und Mehl melieren
5. Zucker, Mehl und Eigelb in einem Kessel vermengen und kalt ausschlagen

Biskuitroulade

7. **Bei der Herstellung von Sandkuchen ist besonders darauf zu achten, dass der Sandkuchen über einen entsprechenden Ausbund verfügt.**
Bestimmen Sie den zutreffenden Herstellungshinweis und vervollständigen Sie den Satz.

Der Sandkuchen wird …

1. zunächst kalt angebacken und dann mit einem Messer an der Oberfläche angeschnitten.
2. zunächst heiß angebacken und dann mit einem feuchten Messer längs eingeschnitten.
3. kurz vor dem Ende des Backvorganges eingeschnitten.
4. mit viel Schwaden angebacken und dann nochmals mit der Winkelpalette ausgestrichen.
5. mit einem Metallstreifen in der Mitte gebacken, der nach dem Backvorgang entfernt wird.

Sandkuchen mit Ausbund

8. Nachfolgend finden Sie den Herstellungshinweis für eine Sandmasse. Bringen Sie die Arbeitsschritte in eine fachlich korrekte Reihenfolge.

1. Weizenmehl sieben und mit dem Backpulver vermengen
2. Mehl und Puder unterarbeiten
3. Bei ca. 180 °C ausbacken
4. Masse in Formen füllen
5. Butter, Zucker, Marzipan und Aromen aufschlagen
6. Nach und nach die Eier unter die Masse laufen lassen
7. Anbacken bei 230 °C
8. Oberfläche nach ca. 10 Minuten mit einem feuchten Messer einschneiden

9. *Bestimmen Sie den zutreffenden Vorbereitungshinweis und vervollständigen Sie den Satz.*

Oft wird für das Aufschlagen von Massen Eischnee verarbeitet. Damit das Eiklar gut aufgeschlagen werden kann, ist darauf zu achten, dass...

1. das Volumen des Kessels doppelt so groß ist wie der Volumenanteil der Eier.
2. die Kessel fett- und spülmittelfrei sind.
3. Besen und Anschlagkessel desinfiziert werden.
4. ein möglichst grobdrahtiger Besen zum Aufschlagen eingesetzt wird.
5. mit einer geringen Aufschlagsgeschwindigkeit gearbeitet wird.

10. *Nennen Sie die zutreffende Erklärung und vervollständigen Sie den Satz.*

In Ihrem Fachbuch lesen Sie, dass das Litergewicht von Biskuitmassen bei ca. 400 g liegt.

Anhand dieser Aussage können Sie feststellen, dass ...

1. Sie mindestens 400 g Masse verarbeiten müssen.
2. Ihnen noch 600 g Masse fehlen, um einen Liter verarbeiten zu können.
3. Ihre Masse bei einem Liter Volumen 400 g wiegt.
4. Sie den Anteil an Eigelben erhöhen müssen, um ein niedrigeres Litergewicht zu erhalten.
5. Sie den Anteil an Eiklar erhöhen müssen, um ein höheres Litergewicht zu erhalten.

11. *Bestimmen Sie den zutreffenden Arbeitshinweis und vervollständigen Sie den Satz.*

Bei der Verarbeitung von Eischnee ist darauf zu achten, dass dieser fachgerecht meliert wird.

Es ist darauf zu achten, dass ...

1. mit einem Schneebesen der Eischnee schnell unter die Eigelbmasse geschlagen wird.
2. möglichst viel Luft aus dem Eischnee geschlagen wird, damit eine gleichmäßige Porung erreicht werden kann.
3. die Zutaten vorsichtig miteinander vermengt werden, damit die Luft nicht herausgeschlagen wird.
4. beim Melieren genug Mehl eingestaubt wird, damit die Masse nicht klebt.
5. die Masse vor dem Backen absteht und sich der Kleber entspannen kann.

12. Ordnen Sie die folgenden Merkmale den jeweiligen Massetypen zu.

(1) Leichte Massen
(2) Schwere Massen

(a) Backpulvereinsatz
(b) geringes Volumen
(c) hohes Volumen
(d) hoher Eianteil
(e) geringer Puderanteil
(f) hoher Fettanteil

13. *Bestimmen Sie die zwei Verarbeitungshinweise und vervollständigen Sie den Satz.*

Das Aufschlagsvolumen des Eiklars kann verbessert werden, indem man...

(1) etwas Speiseöl hinzufügt.
(2) etwas Eigelb hinzufügt.
(3) etwas Zucker hinzufügt.
(4) etwas Salz hinzufügt.
(5) etwas Stärke hinzufügt.
(6) auf den Zusatz von Zucker verzichtet.

14. *Bestimmen Sie den zutreffenden Arbeitshinweis und vervollständigen Sie den Satz.*

Der Einsatz der Rohstoffe hat spezifische Auswirkungen auf die Gebäckbeschaffenheit der Produkte. So führt die Zugabe von Eigelb dazu, dass...

(1) sich die Zutaten (Fett und Wasser) besser miteinander vermischen lassen.
(2) das Gebäck trockener wird.
(3) das Gebäck schneller austrocknet.
(4) das Gebäck zäher wird.
(5) das Gebäck ein deutlich größeres Gebäckvolumen erzielt.

15. *Bestimmen Sie den zutreffenden Arbeitshinweis und vervollständigen Sie den Satz.*

Beim Melieren des Eischnees sollte man darauf achten, dass ...

(1) man das Eigelb in den Eischnee meliert.
(2) man den Eischnee in das Eigelb meliert.
(3) man die Luft vorsichtig aus dem Eischnee ausschlägt.
(4) man so lange meliert, bis das Volumen auf die Hälfte reduziert wurde.
(5) Mehl und Puder nicht gesiebt werden.

16. Biskuitgebäcke werden bei unterschiedlichen Temperaturen gebacken. Ordnen Sie die nachfolgenden Gebäcke den möglichen Backtemperaturen zu.

(1) bei ca. 220 °C
(2) bei ca. 180 °C
(3) bei ca. 200 °C

(a) Rouladen, Kapseln, Omelette
(b) Mohrenköpfe, Sandmasse, Baiser
(c) Sandkuchen, Florentiner

Gefüllte Biskuitrolle mit Zitronensahne

17. *Bestimmen Sie die entsprechende Bestimmung und vervollständigen Sie den Satz.*

Nach den lebensmittelrechtlichen Bestimmungen (Leitsätze) müssen in Backwaren, die aus einer Wiener Masse hergestellt werden...

1. auf 100 Teile Mehl und Weizenstärke mindestens 33,3 % Vollei enthalten sein.
2. auf 100 Teile Mehl und Weizenstärke mindestens 12 % Vollei enthalten sein.
3. auf 100 Teile Mehl und Weizenstärke mindestens 66,7 % Vollei enthalten sein.
4. auf 100 Teile Mehl und Weizenstärke mindestens 6 % Vollei enthalten sein.
5. auf 100 Teile Mehl und Weizenstärke mindestens 3 % Vollei enthalten sein.

18. Bei der Herstellung von Mohrenköpfen wird dem Eigelb Wasser zugefügt.

Bestimmen Sie die zutreffende Erklärung und vervollständigen Sie den Satz.

Dies geschieht, weil...

1. dadurch die Mohrenkopfschale saftiger wird.
2. sich dadurch der Kleber besser ausbilden kann.
3. dadurch die Bildung eines kleinporigen Mohrenkopfes begünstigt wird.
4. sich dadurch das Eigelb besser unter das Mehl arbeiten lässt.
5. sich dadurch die Mohrenköpfe nach dem Backen besser vom Blech lösen lassen.

Dressieren von Mohrenköpfen

19. Bringen Sie die Herstellung einer Mohrenkopfmasse in die richtige Reihenfolge.

1. Eiklar, Zucker, Salz zu Schnee schlagen
2. Eigelbe, Mehl und Wasser miteinander aufschlagen, um die Masse zu entzähen
3. Schalen vom Blech lösen
4. Eischnee in die Eigelbmasse rühren
5. Masse auf Knopfblech dressieren
6. bei ca. 200 °C, bei offenem Zug backen
7. Weizenpuder sieben und melieren

20. Massen können unterschiedliche Litergewichte haben. Allerdings verändert sich das Litergewicht während des Herstellungsprozesses. Welche der nachfolgenden Aussagen zum Litergewicht ist zutreffend?

1. Das geringste Litergewicht hat die Masse nach dem Melieren.
2. Das höchste Litergewicht hat die Masse nach der Mehl- und Fettzugabe.
3. Das Litergewicht ist dann optimal, wenn 1 Liter Volumen 1 kg Gewicht ergibt.
4. Durch die Zugabe von Mehl wird das Volumen verringert und das Litergewicht geringer.
5. Durch die Zugabe von Fett wird das Volumen erhöht und das Litergewicht höher.

Welcher Zusammenhang lässt sich zwischen dem Volumen einer Masse und ihrem Litergewicht herstellen?

- Je niedriger das Litergewicht, desto höher ist die Luftaufnahme.
- Je höher das Litergewicht, desto niedriger ist die Luftaufnahme.

21. Nach dem Backen stellen Sie fest, dass das Backergebnis nicht wie gewünscht ausfällt. Ordnen Sie die Erklärungen/Ursachen den Gebäckfehlern zu.

(1) eingefallener Sandkuchen	(a) Kuchen zu früh oder zu spät eingeschnitten
(2) geringes Volumen	(b) Fett zu weich, Fett zu warm, während des Backens angestoßen
(3) kein genügender Ausbund	(c) Erschütterungen während des Backens, Backzeit
(4) speckig mit Wasserstreifen	(d) Masse zu fest, Fett nicht ausreichend schaumig

22. Sie stellen einen Rosinenkuchen her. Damit das Absinken der Früchte während des Backprozesses vermieden wird, behandeln Sie die Früchte entsprechend. Welche Vorgehensweise ist richtig?

Die Früchte werden vor dem Einfüllen …

1. erwärmt.
2. in Zucker gewälzt.
3. mit Rum getränkt.
4. in Mehl gewälzt.
5. mit Puderzucker bestreut.

23. *Vervollständigen Sie den Satz und bestimmen Sie die **nicht** zutreffende Antwort.*

Bei einer leichten Biskuitmasse wird das Weizenmehl oder das Weizenpuder gesiebt und erst zum Schluss untergehoben, damit...

1. es sich schneller verteilt.
2. weniger Schaumbläschen zerstört werden.
3. das freie Wasser schneller gebunden werden kann.
4. das Volumen der Masse weitgehend erhalten bleibt.
5. die Backzeit der Masse verkürzt werden kann.

24. *Kennzeichnen Sie die zutreffende Herstellungsempfehlung.*

Eine Wiener Masse wird in der Regel warm geschlagen. Dabei ist zu beachten, dass die Butter ...

1. noch vor der Mehlzugabe in die Masse gegeben wird.
2. mit dem Vollei aufzuschlagen ist.
3. mindestens bis 100 Grad Celsius erhitzt wird.
4. erst zum Schluss zugefügt wird.
5. vor der Zugabe geklärt wurde.

25. Baumkuchen werden nach unterschiedlichen Rezepturen und Zubereitungstechniken hergestellt. Häufig werden Baumkuchen auch nach der Herkunft bestimmt. So werden sie nach folgenden Städtenamen benannt:

Welche Stadt zählt nicht dazu?

1. Dresdner Baumkuchen
2. Stettiner Baumkuchen
3. Hamburger Baumkuchen
4. Kottbusser Baumkuchen
5. Salzwedeler Baumkuchen

26. Für den Geschmack werden der Baumkuchenmasse nachfolgende Gewürze zugefügt.

Kennzeichnen Sie die zutreffende Aufzählung von geeigneten Gewürzen.

1. Salz, Zitrone, Vanille
2. Macis, Rum, Kardamon, Nelken, Salz, Zitrone
3. Arrak, Salz, Zitrone, Orangenblüte
4. Nelken, Vanille, Pfeffer, Kardamon
5. Arrak, Cognac, Lebkuchengewürz und Feigenaroma

Der Baumkuchen gilt als Symbol für das Konditorenhandwerk. Nennen Sie vier mögliche Gründe.

- Der sogenannte Spießkuchen ist schon seit dem 17. Jahrhundert bekannt.
- Durch die Schichtung besitzt er eine gewisse Ähnlichkeit mit den Jahresringen der Bäume.
- Die Herstellung erfordert ein hohes Maß an handwerklichem Geschick.
- Die Herstellung erfolgt unter Verwendung bester Rohstoffe.

Für den Baumkuchen gelten bestimmte lebensmittelrechtliche Bestimmungen. Welche?

- Der Überzug besteht entweder aus Kuvertüre oder aus Zuckerglasur (Fondant).
- Baumkuchenmassen enthalten auf 100 Teile Getreideerzeugnisse mindestens 100 Teile Butter und mindestens 200 Teile Vollei.
- Fettglasur darf als Überzug nicht verarbeitet werden.
- Backpulver wird ebenfalls nicht verwendet.
- Baumkuchen wird in dünnen Schichten gebacken.
- Marzipan, Mandeln, Nüsse und auch Nugat werden zugefügt.

Das sollten Sie nach der Bearbeitung des 6. Lernfeldes wissen:

1. Sie kennen die Grundrezepte für wesentliche Massen, sowie deren besondere Herstellungsverfahren und ihren Verwendungszweck.
2. Sie kennen die Mindestanforderungen nach den Leitsätzen für „Feine Backwaren".
3. Sie erkennen Gebäckfehler, bestimmen deren Ursachen und schlagen Verarbeitungshinweise zur Behebung der Fehler vor.
4. Sie erläutern die Geschichte des Baumkuchens, sowie seine besondere Bedeutung als Symbol für das Konditorenhandwerk.

Platz für eigene Notizen

4.7 Herstellen von Füllungen, Cremes und Süßspeisen

Cremespeisen sind von zarter, weicher und schaumiger Beschaffenheit. Sie werden in der Konditorei als Füllungen, Desserts oder als eigenständige Grundlage für die Herstellung von Buttercremetorten oder Sahnecremetorten eingesetzt.

Cremes, unterteilt nach Art und Herstellungstechnik

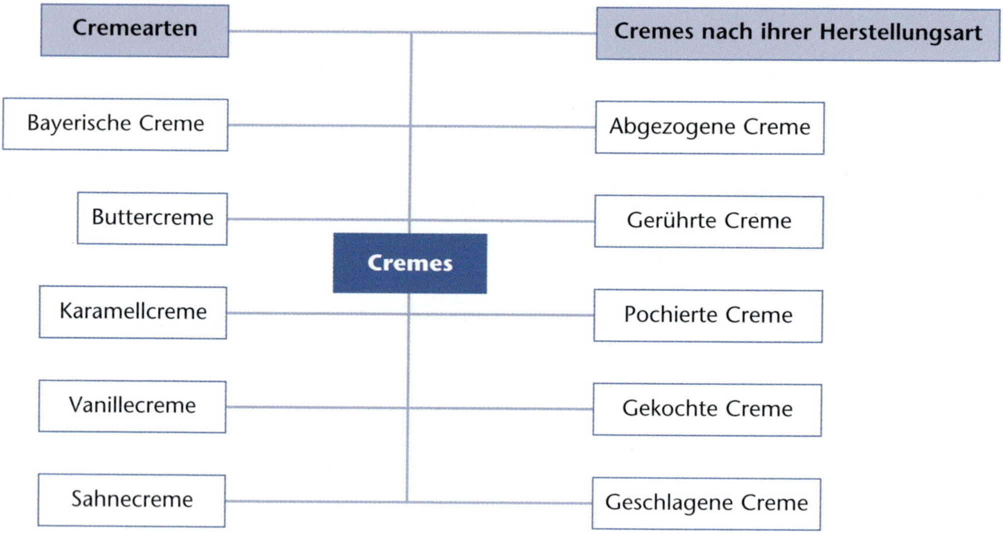

Cremes in der Übersicht

Bayerische Creme mit Mangos

Im Dessertbereich lassen sich Cremes nach der Art ihrer Bindung unterscheiden.

- Als Bindemittel für die gekochte Creme wird Cremepulver oder Weizenpuder verwendet.
- Bei pochierten Cremes dient als Bindemittel das Ei.
- Sahnecremes werden hingegen mit Gelatine gebunden.

1. Cremespeisen unterscheiden sich durch unterschiedliche Zubereitungen und unterschiedliche Arten der Bindung.

Ordnen Sie die unterschiedlichen Merkmale den einzelnen Süßspeisen zu.

(1) Pochierte Creme	(a) Grieß, Milch, Eier	
(2) Bayerische Creme	(b) Milch, Weizen- oder Maisstärke	
(3) Weincreme	(c) Beerenfrüchte, Zucker, Fruchtmark	
(4) Grießflammerie	(d) Sahne, Zucker, Eier, Milch	
(5) Flammerie aus Stärkemehl	(e) Wein, Zucker, Eigelb, Sahne	
(6) Grützen	(f) Eier, Zucker, Milch	

Je nach Art der Herstellung unterscheidet man vier unterschiedliche Arten von Cremes.

Nennen Sie diese.

- Cremes mit Gelatinebindung
- Gekochte Cremes
- Geschlagene Cremes
- Gerührte Cremes

Die Bayerische Creme wird „zur Rose abgezogen".

Erklären Sie den Fachbegriff.

Die Creme wird im Wasserbad unter ständigem Rühren aufgeschlagen, bis eine Bindung eintritt. Taucht man einen Löffelrücken in die Creme und bläst darauf, bilden sich Ringe, die einer Rose ähneln.
Aus hygienischen Gründen verzichtet man jedoch auf diese Form der Konsistenzprüfung und nutzt daher ein Thermometer.

Zur „Rose abziehen"

2. Bringen Sie die Herstellung einer Bayerisch Creme in die fachlich korrekte Reihenfolge.

(1) Masse abkühlen lassen, bevor sie anfängt zu stocken
(2) Sahne hinzugeben und abfüllen
(3) Masse im Wasserbad bis zur Rose abziehen
(4) Gelatine ausdrücken und hinzugeben
(5) Gelatine einweichen
(6) Sahne aufschlagen
(7) Vanilleschote ausschaben und mit der Milch aufkochen
(8) Eigelb und Zucker schaumig schlagen, heiße, nicht kochende Milch hinzugeben

3. Damit die Bayerische Creme gelingt, sind einige Verarbeitungshinweise zu beachten. Bestimmen Sie die zwei zutreffenden Arbeitshinweise.

1. Die Eier dürfen nicht in die kochend heiße Milch gegeben werden, da die Creme sonst grisselig wird und keine Bindung hat.
2. Idealerweise ist die Creme sehr warm, damit genügend Zeit für das Portionieren gegeben ist.
3. Die Creme sollte stark abkühlen, damit sichergestellt ist, dass die Gelatine auch anzieht.
4. Die Gelatine sollte kurz gekocht werden, damit sie sich besser in der Masse verteilt.
5. Bei der Herstellung ist darauf zu achten, dass die Eier-Milch-Mischung gut durchgekocht wird, um die Salmonellengefahr auszuschließen.
6. Wenn der Grundfond sich abgekühlt hat, muss die geschlagene Sahne schnell untergehoben werden.

4. Die Bayerische Creme lässt sich auch als Schüsselcreme verwenden.

Erklären Sie, was darunter zu verstehen ist, und vervollständigen Sie den Satz.

Eine Schüsselcreme ist eine Creme, die …

1. auch in Gläsern oder Schüsseln abgefüllt wird und einen geringeren Gelatineanteil aufweist.
2. eine besonders feste Konsistenz aufweist.
3. vorwiegend in Gugelhupfformen serviert wird.
4. von einem Bisquitrand umgeben ist.
5. ohne Gelatine mit eingelegten Früchten serviert wird.

5. Nachfolgend finden Sie eine Rezeptur. Um welche Rezeptur handelt es sich?

6 Eier
125 g Zucker
0,80 l Milch
Vanille, Salz

Es ist das Grundrezept für …

1. eine Bayerische Creme.
2. ein Mus.
3. eine pochierte Creme.
4. einen sächsischen Pudding.
5. Patisseriecreme.

6. **Bringen Sie die nachfolgende Herstellungsanleitung einer pochierten Creme in die richtige Reihenfolge.**

① Milch mit ausgekratzter Vanillestange erhitzen
② Auskühlen und stürzen
③ Die Flüssigkeit in in gebutterte Förmchen (Cocotten) füllen
④ Im Kombidämpfer oder Wasserbad garen
⑤ Zucker und Eier mit dem Schneebesen vermengen
⑥ Nach und nach die erhitzte Milch hinzufügen
⑦ Durch ein Sieb passieren

7. **Abhängig von der Verwendung oder Anrichteweise lassen sich Cremes unterscheiden. Welcher der folgenden Begriffe zählt nicht dazu?**

① Stürzcreme
② Charlotte
③ Schüsselcreme
④ Füllcreme
⑤ Topfencreme

Eine Schüsselcreme im Glas serviert

8. **In der Patisserie unterscheidet man einen Pudding von einem Flammerie. Bestimmen Sie die zwei zutreffenden Erklärungen.**

① Ein Pudding wird mit Stärke gebunden.
② Der Pudding ist eine Erfindung von Dr. Oetker aus Bielefeld.
③ Ein Flammerie wird durch Stärke gebunden.
④ Puddings werden pochiert.
⑤ Flammeries werden abgeflämmt, daher der Name.
⑥ Ein Pudding wird mit Gelatine gebunden.

Buttercremearten

Grundlage aller Buttercremearten ist die schaumig gerührte Butter. Buttercreme darf nur als Buttercreme bezeichnet werden, wenn ausschließlich Butter zur Herstellung verwendet wird. Buttercreme enthält nach den Leitsätzen für Feine Backwaren mindestens 20 % Butter oder entsprechende Mengen Butterreinfett und/oder Butterfett.

Unterschieden werden die Buttercremes nach den Beimassen. Die beste Verarbeitungstemperatur der Butter liegt bei ca. 20 °C. Buttercremes lassen sich mit verschiedenen Geschmackszusätzen und Aromen beliebig variieren.

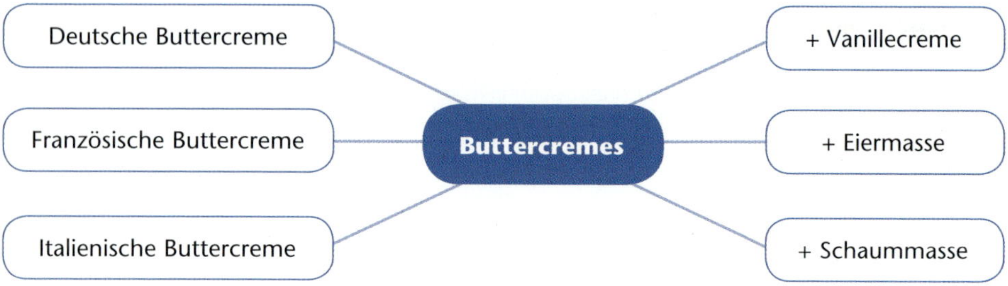

Buttercreme und Beimassen

Nennen Sie verschiedene Geschmacksstoffe, mit denen Buttercremes aromatisiert werden können.

Spirituosen und andere Geschmacksstoffe:

- Cassis
- Cointreau
- Kirschwasser
- Amaretto
- Eierlikör
- Kuvertüre
- Nugat
- Fruchtmark

Worauf ist bei der Weiterverarbeitung von Vanillecreme für die Deutschen Buttercreme besonders zu achten?

- Die Vanillecreme sollte keine Klümpchen enthalten und wird daher vor der Weiterverarbeitung passiert.

9. *Bestimmen Sie das kennzeichnende Merkmal der Buttercreme und vervollständigen Sie den Satz.*

Die am häufigsten verwendete Creme ist die Buttercreme. Dabei gilt, dass bei der Herstellung von Buttercreme ...

(1) bis zu 10 % Fremdfette verarbeitet werden dürfen.
(2) Crememargarine verarbeitet werden darf.
(3) dass diese als Fettcreme deklariert werden muss.
(4) ausschließlich Butter verwendet werden muss.
(5) dass als einziges Fremdfett Erdnussbutter verwendet werden darf.

Buttercremetorte

10. Es gibt unterschiedliche Buttercremesorten. Insbesondere lassen sich dabei drei Arten von Cremes unterscheiden. Welche?

1. Deutsche Buttercreme
2. Italienische Buttercreme
3. Holländische Buttercreme
4. Spanische Buttercreme
5. Französische Buttercreme
6. Dänische Buttercreme
7. Türkische Buttercreme
8. Bayerische Buttercreme
9. Sächsische Buttercreme

11. *Bestimmen Sie die zutreffende Kennzeichnung und vervollständigen Sie den Satz.*

a) Ersetzt man für eine Cremetorte einen Teil der Butter durch Margarine, so handelt es sich nach den lebensmittelrechtlichen Bestimmungen um eine

1. Diätcreme.
2. Butterdiätcreme.
3. Einfache Buttercreme.
4. Fettcreme.
5. Cholesterinfreie Buttercreme.

b) Bestimmen Sie gemäß der nachfolgenden Herstellungsanleitung die Cremeart.

- Butter schaumig rühren
- Vanillecreme kochen und auskühlen lassen
- Vanillecreme passieren
- Passierte Creme unter die schaumig geschlagene Butter ziehen

12. Ordnen Sie den verarbeiteten Cremes die entsprechenden Merkmale zu.

(1) Deutsche Buttercreme
(2) Französische Buttercreme
(3) Italienische Buttercreme

(a) Guter Geschmacksträger
(b) Seltener Einsatz, da die Herstellungsweise aufwendig ist
(c) Leicht bekömmlich
(d) Geschmacklich überaus aromatisch
(e) Im Sommer begrenzt haltbar
(f) Wird häufig in Verbindung mit Obsterzeugnissen verarbeitet

Sahnetorten und Sahnecremetorten

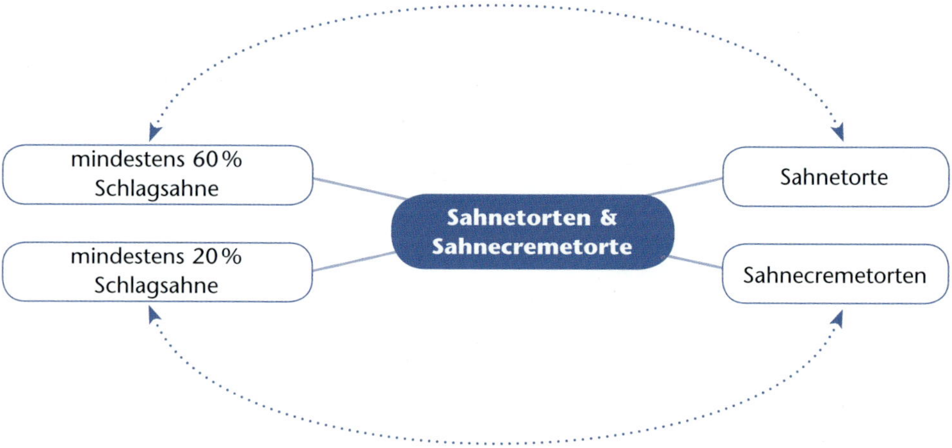

Anforderung nach den Leitsätzen an Sahnetorten

Nennen Sie jeweils drei Beispiele für Sahnetorten und Sahnecremetorten

- Flockensahnetorte
- Schwarzwälder Kirschtorte
- Schokoladensahnetorte

- Quark-Sahne-Torte
- Canache-Sahne-Torte
- Joghurt-Sahne-Torte

Will man Sahne optimal aufschlagen, müssen bestimmte Aufschlagbedingungen vorhanden sein. Nennen Sie drei.

- Die Temperatur der Sahne sollte bei ca. 4 °C liegen.
- Der Rührbesen und der Anschlagkessel bzw. der Sahnebläser sollte gekühlt sein.
- Die Sahne sollte in einem kühlen Raum aufgeschlagen werden.

13. Die Sahne wurde viel zu lange aufgeschlagen. Wie hat sich die Sahne verändert?

① Aus der Sahne wird Butter.
② Die Sahne wird überschlagen und verfärbt sich gelblich.
③ Das eingeschlagene Volumen entweicht und die Sahne besitzt keine Standfestigkeit.
④ Das Volumen erhöht sich nur für kurze Zeit, um dann wieder zusammenzufallen.
⑤ Die Sahne flockt aus und wird grisselig.

Das sollten Sie nach der Bearbeitung des 7. Lernfeldes wissen:

1. Sie kennen verschiedene Süßspeisen und können diese nach der Art der Herstellung, Zusammensetzung und Verwendung unterscheiden.
2. Sie kennen die Herstellung verschiedener Buttercremes und können diese nach der Art der Herstellung und nach ihrem Verwendungszweck unterscheiden.

Platz für eigene Notizen

4.8 Entwerfen und Herstellen von Torten und Desserts

Die Fähigkeit, zahlreiche verschiedene Torten mit unterschiedlichen Gestaltungsideen zu realisieren, unterscheidet das Konditorenhandwerk von der industriellen „Tortenfertigung". So unterschiedlich die Nachfrage, so verschieden die Tortendekorationen, so einzigartig ist auch die handwerkliche Leistung, die immer wieder neu auf die Probe gestellt wird.

Die Arbeit in der Konditorei erfordert die Nutzung unterschiedlicher Dekortechniken.

Nennen Sie mögliche Dekortechniken.

- Spritzglasur
- Eiweißspritzglasur
- Airbrush
- Motive aus Marzipan, die mit Silikonformen hergestellt werden
- Einsatz von Konfitüre zum Einlassen
- Ornamente aus Brandmasse
- Dekor aus Hippenmasse
- Schriftschilder aus Marzipan
- Kakaomalerei
- Zuckerdekor

Ausgarnierte Petit Fours

1. Die Herstellung von Schokoladenspritzglasur ist aufwendig. Welche der nachfolgenden Glasuren kann ebenfalls verwendet werden?

1. Glucose mit Kakaopulver vermengt
2. Nutella
3. Fettglasur
4. Läuterzucker und Kuvertüre
5. Aufgekochte Johannisbeermarmelade

Ausgelassene Ornamente aus Spritzglasur

2. **Der Unterschied zwischen der Spritzschokolade und der Spritzkuvertüre besteht darin, dass ...**

1. Spritzkuvertüre mit Alkohol versetzt wird.
2. Spritzkuvertüre mit Eiweiß versetzt wird.
3. Spritzkuvertüre ohne Zusätze verwendet wird.
4. Spritzkuvertüre über viele Jahre haltbar ist.
5. Spritzkuvertüre nicht auf Vorrat hergestellt werden kann.

3. **Damit der Garniervorgang mit der Spritzschokolade optimal vorbereitet und durchgeführt werden kann, müssen einige Voraussetzungen gegeben sein. Bestimmen Sie die entsprechende Voraussetzung.**

1. Die Tüte muss ausreichend groß gedreht werden, damit nicht immer nachgefüllt werden muss.
2. Zu Beginn der Garnierung sollte die Tüte auf der Garnierfläche „angelegt" werden.
3. Der Druck auf der Garniertüte sollte bis zum Ende des gesamten Garniervorganges ständig gehalten werden.
4. Der Oberkörper sollte während des Garnierens stark gebeugt sein.
5. Die Tüte sollte nicht zu groß gedreht werden, damit man nicht allzu schnell ermüdet, wenn längere Garnierarbeiten anstehen.

4. **Nachdem die Eiweißspritzglasur hergestellt wurde, stellen Sie fest, dass der Faden häufig reißt. Wie können Sie diesen Fehler beheben?**

1. Sie lassen die Eiweißglasur mindestens 1 Stunde ruhen, damit sich der Puderzucker entspannt.
2. Sie fügen ein wenig Eiklar hinzu, um die Glasur geschmeidiger zu machen.
3. Sie stellen eine neue Eiweißglasur her.
4. Sie geben etwas Puderzucker hinzu.
5. Sie decken die Glasur mit einem feuchten Tuch ab.

5. **Sie verwenden zur Dekoration die „Einlasstechnik". Welche drei Einlassfüllungen sind dafür geeignet?**

1. Fondant
2. Aprikosenkonfitüre
3. Himbeerkonfitüre
4. Kuvertüre
5. Läuterzucker
6. Glukose
7. Eiweißglasur
8. Marzipan
9. Modellierschokolade

6. Sie stellen Modellierschokolade her. Wählen Sie die geeigneten drei Rohstoffe aus.

1. Kuvertüre
2. Glukosesirup
3. Fondant
4. Erdnussfett
5. Butter
6. Läuterzucker
7. Honig
8. Karamell
9. Canache

Beschreiben Sie die Herstellung von Spritzschokolade.

- Kuvertüre auflösen ca. 45 °C
- Einige Tropfen Kondensmilch unter Rühren hinzufügen
- Kuvertüre wird dickflüssig und grisselig
- Weiterrühren und ein wenig Läuterzucker hinzugeben, bis eine glatte, gebundene Konsistenz entsteht

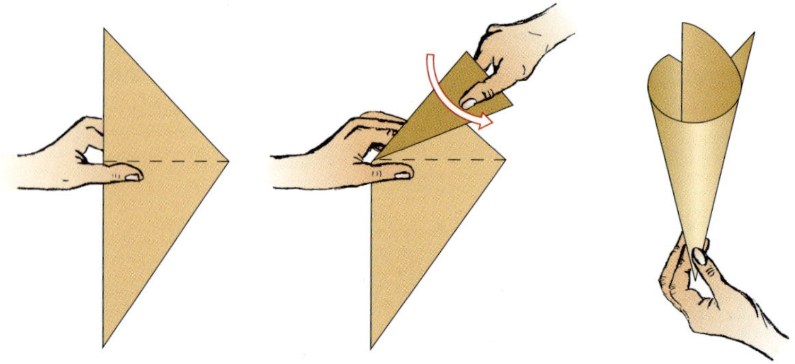

Drehen einer Spitztütze

Dekormotive sind immer abhängig vom Anlass. Nennen Sie zu den Anlässen jeweils ein geeignetes Motiv oder ein passendes Dekor.

- Taufe (Kinderwagen...)
- Hochzeit (Auto mit Blechdosen an der Stoßstange...)
- Examen (eingerollte Urkunde...)
- Geburtstag (Jahreszahl...)
- Silberhochzeit (Tauben....)
- Konfirmation & Kommunion (Kerze....)

Sie stellen ein Kuvertüregitter her. Beschreiben Sie die notwendige Arbeitstechnik.

- Gezeichnete oder gedruckte Vorlage auf transparentem Papier verwenden
- mit Spritzkuvertüre zunächst die dünnsten Linien ziehen
- im Anschluss die dickeren Linien um das Kuvertüregitter ziehen
- Einen Kuvertüresockel herstellen
- Gitter auf dem Kuvertüresockel befestigen und mit zusätzlicher Kuvertüre sichern

Kuvertüreaufsatz

Welche weiteren Dekormaterialien lassen sich für Buttercremetorten verwenden?

- Schokoladenhobel
- Krokantstreusel
- gehobelte und geröstete Mandeln
- gehackte und geröstete Nüsse
- Kakaopulver
- Zierschnee
- Belegkirschen
- Pistazien
- Schokoblätter
- Schokorollen

Nennen Sie unterschiedliche Tortenformen, die in der Konditorei eingesetzt werden können.

- Kuppeltorten
- Etagentorten
- Kränze
- Konische Torten
- Formstücke

Ausgarnierung eines Desserttellers in Einzelschritten

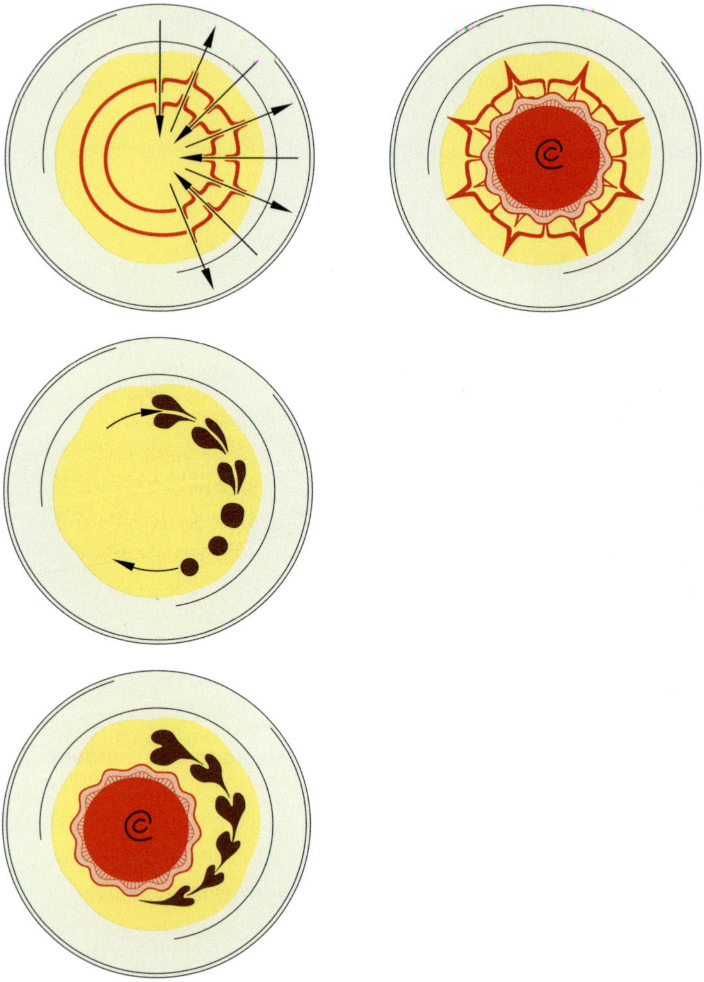

Das sollten Sie nach der Erarbeitung des 8. Lernfeldes wissen:

Sie entwerfen und gestalten Torten und Tortendekore für unterschiedlichste Anlässe.
Sie verarbeiten je nach Anforderung zahlreiche Rohstoffe und beherrschen verschiedene verarbeitende Gestaltungstechniken.

4.9 Zucker und Zuckerschaustücke

Zucker und Zuckerschaustücke

Erzeugnisse aus gekochtem Zucker werden in der Konditorei auf unterschiedliche Weise verwendet. Das Einsatzgebiet reicht dabei über die Herstellung von Läuterzucker bis hin zum Karamell für Felsenzucker und gekochten Zuckerlösungen für gezogene Zuckerschaustücke. Vielfach wird dabei nicht mehr die klassische Zuckerlösung hergestellt, sondern man greift hier auf Fertigprodukte wie Isomaltzucker zurück, der sich einfacher und schneller verarbeiten lässt.

Figuren aus gezogenem Zucker

Zuckerkochstufen

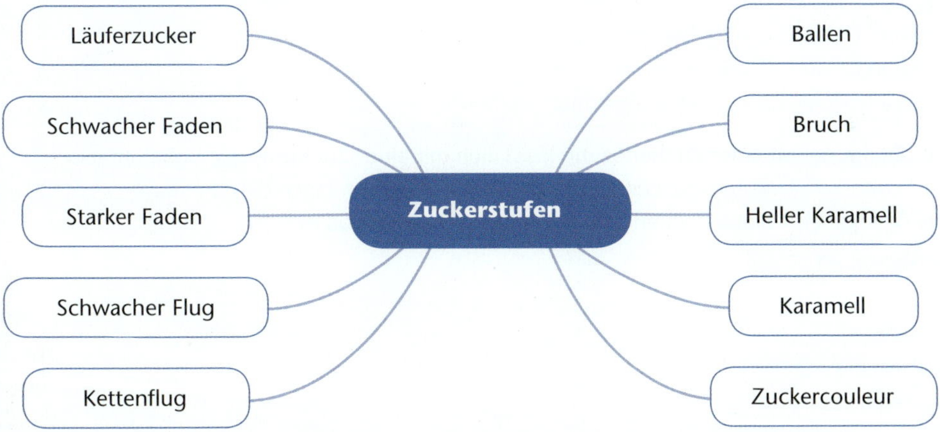

1. Wenn Erzeugnisse aus gekochtem Zucker hergestellt werden, ist es vielfach leichter, sich zunächst an den Handproben zu orientieren. Nennen Sie sechs Handproben und ordnen Sie diese den Zuckerkochstufen zu.

(1) Zucker zwischen Daumen und Zeigefinger hin und her bewegen, Fadenbildung
(2) Gebogene Drahtschlinge in die Zuckerlösung tauchen und ausblasen, Einzelblasen
(3) Gebogene Drahtschlinge in die Zuckerlösung tauchen und ausblasen, Blasenkette
(4) Finger formen eine weiche Kugel aus Zucker
(5) Zuckerprobe bricht, wenn man sie formt
(6) Zuckerprobe wird braun bis schwarz

(a) Zuckercouleur
(b) Bruch
(c) Ballen
(d) Kettenflug
(e) Schwacher Flug
(f) Schwacher Faden/Starker Faden

**2. Beim Zuckerkochen gibt es verschiedene Temperaturstufen.
Ordnen sie die nachfolgenden Zuckerstufen den Temperaturangaben zu.**

(1) Läuterzucker	ca. bis	(a) 150 Grad Celsius
(2) Karamell		(b) 102 Grad Celsius
(3) Ballen		(c) 125 Grad Celsius
(4) Schwacher Faden		(d) 180 Grad Celsius
(5) Zuckercouleur		(e) 109 Grad Celsius

**3. Ältere Zuckerthermometer verfügen über eine Gradeinteilung in Reaumur.
Die Umrechnung von Celsius zu Reaumur erfolgt dabei nach welcher der nachfolgend genannten Umrechnungsformeln?**

(1) Grad Celsius : 4 x 5 = Grad Reaumur
(2) Grad Celsius : 6 x 4 = Grad Reaumur
(3) Grad Celsius : 8 x 3 = Grad Reaumur
(4) Grad Celsius : 5 x 4 = Grad Reaumur
(5) Grad Celsius : 5 x 2 = Grad Reaumur

4. Der Zuckergehalt einer Zuckerlösung lässt sich mit einer Zuckerwaage bestimmen.
Kennzeichen Sie die entsprechende Maßeinheit und vervollständigen Sie den Satz.
Die Gradzahl für diese Zuckerlösung wird dabei angegeben in …

(1) Fahrenheit
(2) Reaumur
(3) Celsius
(4) Beaumé
(5) Kelvin

5. **Bei der Herstellung von Zuckerschaustücken soll das Auskristallisieren der Zuckerlösung verhindert werden.**

Welche Zutat wird verwendet?

(1) Weinstein
(2) Glykose
(3) Stärke
(4) Kakaobutter
(5) Erdnussöl

Sie bereiten ein Zuckerschaustück vor. Stellen sie alle Rohstoffe zusammen, die Sie für das klassische Zuckerkochen benötigen.

- Zucker
- Wasser
- Weinsteinsäure
- Glykose
- Lebensmittelfarbe

Bei der Herstellung von Zuckerschaustücken werden häufig verschiedene Farben gewünscht. Wie lässt sich gekochter Zucker färben? Nennen Sie vier verschiedene Möglichkeiten.

- Lebensmittelfarbe
- Tablieren des Zuckers (Zuckermasse wird „weiß")
- Erhitzen des Zuckers (Braunfärbung)
- Milchweiß

Die Herstellung eines gezogenen Zuckerschaustückes ist sehr zeitaufwendig und damit sehr teuer. Nennen Sie Pro- und Contra-Argumente, die für oder gegen die Herstellung von Zuckerschaustücken sprechen

Pro-Argumente

- Abgrenzung von Mitbewerbern
- Präsentation von Handwerkskunst
- Qualitätsmerkmal
- Alleinstellungsmerkmal
- Überstrahleffekt auf alle anderen Produkte

Contra-Argumente

- zu teuer
- Störung im Betriebsablauf
- Keine Fachleute
- Keine Nachfrage

Ein weiteres Erzeugnis aus Zucker ist Krokant.

Beschreiben Sie in Stichworten die Herstellung von Krokant.

- Zucker auf kleiner Flamme auflösen
- Puderzucker hinzufügen
- Glukose hinzufügen und Zucker karamellisieren
- Mandeln unterheben
- Krokant auf eine gefettete Arbeitsfläche geben und ausrollen bzw. weiterverarbeiten

Es gibt unterschiedliche Krokantarten. Bestimmen Sie die Unterschiede der folgenden Krokantarten.

- Blätterkrokant

Dem geschmolzenem Zucker werden Mandeln und Nugat zugefügt und im Anschluss wird die Zuckermasse mehrmals übereinandergeschlagen bis eine vielfache Schicht von Nugat und Zuckerschichten entsteht.

- Weichkrokant

Dem geschmolzenen Zucker werden Sahne, Butter und ggf. Früchte zugefügt.

Beschreiben Sie die Herstellung von Hartkrokant.

- Zucker nach und nach schmelzen
- gehobelte Mandeln oder Nüsse anrösten
- Mandeln bzw. Nüsse in den geschmolzenen Zucker einrühren
- Krokantmasse auf eine geölte Platte gießen
- Krokantmasse erkalten lassen

6. **Sie werden gebeten, die Krokanteier zu lagern. Welche der nachfolgend genannten Lagermethoden ist geeignet?** *Vervollständigen Sie den Satz.*
Die Krokanteier sollten ...

1. in normal temperierten Räumen gelagert werden.
2. in Räumen mit hoher Luftfeuchtigkeit aufbewahrt werden.
3. gut verpackt in trockenen Räumen aufbewahrt werden.
4. unmittelbar nach der Herstellung eingefroren werden.
5. sollten gut verpackt im Kühlhaus aufbewahrt werden.

7. *Bestimmen Sie die zutreffende Antwort und vervollständigen Sie den Satz.*
Beim klassischen Zuckerkochen bemerken Sie, dass die Flamme am Kochtopf seitlich hochschlägt.
Dies hat zur Folge, dass ...

1. die Temperatur unkontrolliert ansteigt.
2. der Zucker am Topfrand auskristallisiert.
3. der Zucker gleichmäßig erhitzt wird.
4. sich Zuckerkristalle von innen nach außen bilden.
5. die Zuckerlösung gleichmäßig gebräunt wird.

8. **Sie stellen eine Zuckerlösung mit einer Dichte von ca. 33 ° Bé her.**

Dabei handelt es sich um Läuterzucker. Läuterzucker kann in der Konditorei zu verschiedenen Zwecken eingesetzt werden. Welche der nachfolgend genannten Verwendungsmöglichkeiten zählt nicht dazu?

Läuterzucker wird verwendet, um …

1. Böden zu tränken.
2. Speiseeis herzustellen.
3. Fruchtfüllungen zu süßen.
4. Spritzkuvertüre herzustellen.
5. den Kleber bei der Blätterteigherstellung zu stärken.

9. **Sie stellen ein Zuckerschaustück her. Dabei klebt Ihnen der Zucker an der Marmorplatte fest. Benennen Sie die Ursache.**

1. Sie haben vergessen die Platte mit Butter einzustreichen.
2. Sie haben der Zuckerlösung zu viel Säure zugegeben.
3. Sie haben den Zucker zu lange gekocht.
4. Sie haben vergessen die Platte mit Erdnussöl zu präparieren.
5. Sie haben versäumt den Zucker abzuschäumen.

10. *Kennzeichnen Sie die zutreffende Antwort und vervollständigen Sie den Satz.*

Vielfach wird auch der Zuckeraustauschstoff Isomalt für die Herstellung von Zuckerschaustücken eingesetzt. Im Gegensatz zum Zucker ist Isomalt …

1. nur gering wasseranziehend.
2. stärker wasseranziehend.
3. unbegrenzt haltbar.
4. nur wenige Tage haltbar.
5. für den menschlichen Verzehr nicht geeignet.

11. *Bestimmen Sie die zutreffende Antwort und vervollständigen Sie den Satz.*

Für die Herstellung eines Schaustückes fügt man dem gekochten Karamell Glykose zu, weil, …

1. der Karamell sich leichter verarbeiten lässt.
2. der Karamell dadurch nachdunkelt.
3. der Karamell dadurch höher erhitzt werden kann.
4. Glykose die Rückkristallisation beeinträchtigt.
5. der Karamell dadurch nahezu unbegrenzt haltbar wird.

12. Bringen Sie die Beschreibung zur Herstellung eines Zuckerstückes in die richtige Reihenfolge

① Weinsteinsäure zufügen
② Zuckerlösung abschrecken
③ Zucker mit Wasser vermengen und auf kleiner Flamme aufkochen
④ Glukosesirup hinzufügen
⑤ Zuckerlösung weiterkochen und anwaschen
⑥ Zuckerkristalle während des Aufkochens mit einem nassen Pinsel anwaschen
⑦ Unreinheiten mehrmals abschäumen
⑧ Zucker ggf. einfärben

13. Für die Herstellung eines gezogenen Zuckerstückes geben Sie der Zuckerlösung Weinsteinsäure hinzu.

Nennen Sie die Begründung für diesen Arbeitsschritt und vervollständigen Sie den Satz.

Die Zugabe bewirkt, dass...

① der Zucker spröde und fest wird.
② der gezogene Zucker viele Stunden nach dem Kochvorgang noch gezogen werden kann.
③ der Zucker zum Ziehen oder zum Blasen ausreichend elastisch und geschmeidig bleibt.
④ der Zucker ohne Wärmelampe verarbeitet werden kann.
⑤ der Zucker keine Feuchtigkeit aufnimmt.

Das sollten Sie nach der Erarbeitung des 9. Lernfeldes wissen:

1. Sie stellen Zuckerschaustücke her und nutzen dazu klassische Herstellungsverfahren.
2. Sie kennen die verschiedenen Einsatzmöglichkeiten gekochter Zuckerlösungen.
3. Sie bestimmen Handproben und verarbeiten Zuckerprodukte unterschiedlicher Zuckerstufen.
4. Sie beherrschen unterschiedliche Verarbeitungsformen, wie z. B. Ziehen, Gießen und das Zuckerblasen.
5. Sie prüfen Vor- und Nachteile des Einsatzes von Zuckerarbeiten vor dem Hintergrund verkaufsfördernder Maßnahmen.

Platz für eigene Notizen

4.10 Arbeiten mit Marzipan

Marzipan

Das künstlerische Handwerk der Konditoren zeigt sich insbesondere auch in der Verarbeitung von Marzipan. Modellierte Marzipanfiguren lassen sich zu jeder Gelegenheit herstellen.
Marzipan wird aus Mandeln und Zucker hergestellt und darf keine anderen Früchte enthalten.

Marzipanrohmasse

Persipan hingegen unterscheidet sich vom Marzipan, denn es wird nicht aus Mandeln, sondern aus verschiedenen fetthaltigen Früchten hergestellt, wie z. B. aus Aprikosen- oder Pfirsichkernen sowie entbitterten Mandeln. Als Zusatz muss Stärke hinzugefügt werden, damit man die Persipan-Rohmasse von der Marzipan-Rohmasse unterscheiden kann.

1. Marzipanrohmasse enthält Zucker. Bestimmen Sie das Mengenverhältnis. Welche der nachfolgenden Angaben ist zutreffend?

Marzipan besteht aus...

(1) 2 Teilen Mandeln und 1 Teil Zucker
(2) 3 Teilen Mandeln und 1 Teil Zucker
(3) 1 Teil Mandeln und 1 Teil Zucker
(4) 1 Teil Mandeln und 3 Teilen Zucker
(5) 1 Teil Mandeln und 2 Teilen Zucker

2. Für die Herstellung von Marzipan dürfen nur süße Mandeln verarbeitet werden. Allerdings dürfen auch bittere Mandeln darin enthalten sein. Bestimmen Sie den prozentualen Anteil von Bittermandeln bei der Marzipanherstellung.

(1) 5 %
(2) 10 %
(3) 15 %
(4) 20 %
(5) 1 %

Mandelbaum mit frischen Mandeln

3. *Bestimmen Sie den Hauptbestandteil und vervollständigen Sie den Satz.*

Während Marzipan vorwiegend aus süßen Mandeln hergestellt wird, besteht Persipan hauptsächlich aus ...

1. reinen Bittermandeln.
2. entbitterten Mandeln und Kirschkernen.
3. entbitterten Mandeln und Aprikosenkernen/Pfirsichkernen.
4. süßen Mandeln mit einem höheren Zuckeranteil.
5. Pfirsichkernen und Pflaumenkernen.

4. **Damit Marzipan und Persipan voneinander unterschieden werden können, setzt man der Persipan-Rohmasse einen bestimmten Indikator zu. Welchen?**

1. Eiweiß
2. Salz
3. Glucose
4. Gelatine
5. Stärke

5. **Bei der Herstellung von Marzipan sind verschiedene Arbeits- und Fertigungsschritte notwendig. So wird das Mandel-Zucker-Gemisch bis zu 30 Minuten bei ca. 105 °C abgeröstet. Welche der folgenden Aussagen nennt die Begründung für diesen Arbeitsschritt?**

Nennen Sie zwei zutreffende Aussagen.

1. Der Wassergehalt verringert sich.
2. Der Sauerstoffgehalt der Mandeln wird abgebaut.
3. Die Bittermandeln verlieren ihr bitteres Aroma.
4. Die Marzipanrohmasse erhält eine bessere Bindung.
5. Die mögliche Mikrobentätigkeit wird eingeschränkt.
6. Der pH-Wert wird in den sauren Bereich verschoben.

6. Marzipan muss entsprechend gelagert werden. Welche der folgenden Lagerbedingungen sollte eingehalten werden?

Vervollständigen Sie den Satz.

Marzipan ...

1. sollte bei mindestens bei 4 °C im Kühlhaus gelagert werden.
2. soll nur bei Tageslicht gelagert werden.
3. soll im Trockenlager bei ca. 15 °C bis 18 °C gelagert werden.
4. soll grundsätzlich tiefgefroren werden.
5. kann überall gelagert werden.

7. *Nennen Sie die beiden zutreffenden Angaben und vervollständigen Sie den Satz.*

Bei der Verarbeitung von Marzipan sind lebensmittelrechtliche Bestimmungen einzuhalten. Dabei gilt, dass...

1. bis zu 17 % Feuchtigkeit in der Marzipanrohmasse enthalten sein darf.
2. bis zu 20 % Stärke als Indikator hinzugefügt werden darf.
3. bis zu 15 % des Zuckeranteils durch Sorbit ersetzt werden darf.
4. bis zu 6 % Bittermandelöl hinzugefügt werden darf.
5. bis zu 3,5 % des Gesamtgewichtes durch Glucose ersetzt werden darf.
6. es bis zu 100 % aus süßen Mandeln bestehen muss.

8. Bei der Verarbeitung von Marzipanrohmasse stellen Sie fest, dass das Marzipan schmierig und ölig geworden ist. Worauf führen Sie diesen Fehler zurück?

1. Das Marzipan wurde zu feucht gelagert.
2. Der Glucosesirup ist ausgetreten.
3. Das Marzipan wurde zu lange gewirkt.
4. Der Kakaobutteranteil in den Mandeln ist warm geworden.
5. Der Rosenwasseranteil ist zu hoch.

9. Marzipan muss für die Verarbeitung frisch gehalten werden. Welche der nachfolgenden Maßnahmen sind zur Frischhaltung geeignet? *Vervollständigen Sie den Satz.*

Dazu fügt man der Marzipan-Rohmasse ...

1. Stärkesirup und Läuterzucker hinzu.
2. Glukosesirup und Melasse hinzu.
3. Glukosesirup und Sorbit hinzu.
4. Stärke und Kakaobutter hinzu.
5. Weizenpuder und Stärke hinzu.

10. **Die Mandel wird dem Obst zugeordnet. Ordnen Sie die Mandel der passenden Kategorie zu.**

1. Kernobst
2. Steinobst
3. Beerenobst
4. Trockenobst
5. Exotisches Obst

11. **Mandeln, als Rohstoff für Marzipan, haben einen hohen Nährwert. Ordnen Sie die Inhaltsstoffe den entsprechenden Prozentwerten zu.**

1 Kohlenhydrate	a ca. 2,3 %
2 Proteine	b ca. 5,7 %
3 Fette	c ca. 15,2 %
4 Wasser	d ca. 18,7 %
5 Rohfaser	e ca. 58,1 %

12. **Die Mandel zählt zu den Folsäurelieferanten.**

Bestimmen Sie die zutreffende Aussage und vervollständigen Sie den Satz.

Folsäure …

1. ist ein Vitamin, das für die Neubildung von Zellen unentbehrlich ist.
2. bezeichnet den Säureanteil des Fettes in der Mandel.
3. kennzeichnet den Anteil von unverdaulicher Cellulose.
4. erhöht den pH-Wert im Körper, der sich nach dem Verzehr von Marzipan einstellt.
5. verhindert den Schimmelbefall von Mandeln.

13. **Der Mandelbaum ist weit verbreitet. Hauptsächlich jedoch in diesen Ländern. Kennzeichnen Sie die zwei entsprechenden Länder bzw. Regionen, in denen die Mandeln hauptsächlich geerntet werden.**

1. Skandinavien
2. Kalifornien
3. Mittelmeerraum
4. Mittelamerika
5. Mongolei
6. Ägypten

Mandelbaum in der Blütezeit

14. Die Hauptanbaugebiete des Mandelanbaus stellen sich wie folgt dar:

Ordnen Sie die prozentualen Mengen den Anbaugebieten zu.

(1) Kalifornien	(a) ca. 4 %
(2) Spanien	(b) ca. 16 %
(3) Italien	(c) ca. 70 %
(4) Griechenland	(d) ca. 4 %
(5) Portugal	(e) ca. 1 %
(6) andere Länder	(f) ca. 4 %

15. Für die Herstellung von Marzipanrohmasse ist ein geringer Anteil von Bittermandeln zulässig. Prüfen Sie die Richtigkeit der folgenden Aussagen und kreuzen Sie die zwei zutreffenden Aussagen an.

(1) Bittere und süße Mandeln wachsen im Mittelmeerraum häufig an einem Baum.
(2) Bittermandeln entstehen durch eine unsachgemäße Lagerung im Herkunftsland.
(3) Bittermandeln entstehen durch späte Frostperioden während der Mandelblüte.
(4) Bittermandeln sind ein notwendiger Bestandteil der Geschmacksbildung beim Marzipan.
(5) Bittermandeln können beim Verzehr hochgiftige Blausäure erzeugen.
(6) Bittermandeln können ohne Bedenken auch in großen Mengen verzehrt werden.

16. *Bestimmen Sie die Haltbarkeitsdauer der Mandeln und vervollständigen Sie den Satz.*

Mandeln, die nicht verarbeitet werden, ...

(1) sind in der Schale unbegrenzt haltbar.
(2) sind bis zu 9 Monaten haltbar.
(3) sind nur wenige Wochen haltbar.
(4) sind bis zu 24 Monaten haltbar.
(5) werden kurz nach der Ernte bitter und ungenießbar.

Marzipan muss mit besonderer Sorgfalt bei der Verarbeitung behandelt werden, sonst gärt es.

Nennen Sie vier mögliche Ursachen, die zum Gären von Marzipan führen können.

- Verunreinigungen auf der Arbeitsfläche.
- Hände wurden nicht gereinigt.
- Arbeitsgeräte wurden nicht gereinigt.
- Unsachgemäße Lagerung des Marzipans.

Will man Marzipan modellieren, sind einige Grundregeln zu beachten. Nennen Sie sechs verschiedene Arbeitshinweise zum Modellieren mit Marzipan.

- Angewirkte Marzipanmasse oder bereits angewirktes Marzipan ist bei Raumtemperatur zu verarbeiten.
- Das Marzipan muss gut durchgearbeitet werden, bevor es modellierbar ist.
- Im aufrechten Sitzen oder Stehen sind beide Hände gleichzeitig zu benutzen, um Unregelmäßigkeiten zu vermeiden.
- Zu Beginn des Modelliervorganges werden Stränge oder Kugeln geformt.
- Zur Individualisierung des Modellierstückes werden Modellierhölzer, Strukturvorlagen, Kneifer oder Ausstecher verwendet.
- Bei Figuren oder Körpern ist die Größenrelation zu beachten $^2/_3$ Körper und $^1/_3$ Kopf.

17. Um eine ansprechende Marzipanfigur zu modellieren, bedarf es einer fachgerechten Modelliertechnik. Welche der genannten Arbeitstechniken eignet sich zum Modellieren?

1. Die Hände sollten beim Modellieren in Tischhöhe gehalten werden.
2. Die Ellenbogen sollten zur Unterstützung auf dem Tisch aufgelegt werden.
3. Der Oberkörper sollte nach vorne geneigt sein.
4. Längere Modelliervorgänge sollten im Sitzen erfolgen.
5. Der Oberkörper sollte möglichst aufrecht gehalten werden.
6. Der Modelliervorgang sollte wegen der besseren Übersicht mit ausgestreckten Armen erfolgen.

18. *Kennzeichnen Sie das entsprechende Verhältnis zwischen Körper und Kopf.*

Sie stellen Marzipanfiguren her. Dabei kommt es auf die richtigen Proportionen zwischen Körper und Kopf an. Dabei gilt in der Regel das folgende Verhältnis:

1. $^2/_3$ für den Kopf $^1/_3$ für den Körper
2. $^1/_2$ für den Kopf $^1/_2$ für den Körper
3. $^1/_3$ für den Kopf $^2/_3$ für den Körper
4. $^1/_5$ für den Kopf $^4/_5$ für den Körper
5. $^4/_5$ für den Kopf $^1/_5$ für den Körper

Figur aus Marzipan

19. Bringen Sie die folgende Beschreibung zur Herstellung von Marzipanfiguren in die richtige Reihenfolge.

1. Geformte Teile zusammenfügen
2. Marzipan zu Stangen ausrollen und abwiegen
3. Marzipanfigur trocknen lassen
4. Marzipanstücke zur Kugelform modellieren
5. Marzipanfigur mit Kakaobutter einsprühen
6. Marzipanfigur grundieren und schminken
7. Marzipanfigur verpacken
8. Figur formen

20. **Prüfen Sie die folgenden Aussagen zur Qualitätsbestimmung von Marzipan.**

1. Je mehr Zucker in die Marzipanrohmasse eingewirkt wird, desto besser ist die Qualität.
2. Je weniger Zucker in die Marzipanrohmasse eingewirkt wird, desto schlechter ist die Qualität.
3. Je mehr Bittermandeln in der Marzipanrohmasse vorhanden sind, desto aromatischer ist sie.
4. Je stärker und andauernder Marzipan gewirkt wird, desto leichter kann es modelliert werden.
5. Je weniger Puderzucker eingewirkt wird, desto besser ist die Qualität.

21. **Kennzeichen Sie die zutreffende Aussage zur Herkunft des Marzipanproduktes.**

1. Gütemarzipan stammt aus Hamburg.
2. Persipan ist eine Bezeichnung für Marzipan aus Persien.
3. Lübecker Marzipan kennzeichnet Marzipanerzeugnisse, die aus Lübeck stammen.
4. Königsberger Marzipan ist modelliertes und abgeflämmtes Marzipan aus Königsberg.
5. Edelmarzipan wird nur in lizensierten Betrieben des Deutschen Konditorenbundes hergestellt.

22. **Bei der Verarbeitung von Persipan und Marzipan müssen die gesetzlichen Bestimmungen eingehalten werden. Kennzeichnen Sie die zutreffenden Aussage.**

1. Erzeugnisse aus Marzipan sind deklarationspflichtig.
2. Erzeugnisse aus Marzipan sind nicht deklarationspflichtig.
3. Persipanrohmasse darf nur für Mandelhörnchen verwendet werden.
4. Die Verwendung von Persipanrohmasse ist grundsätzlich verboten.
5. Die Verwendung von Persipan ist deklarationspflichtig.

23. **Bei der folgenden Marzipanspezialität handelt es sich um meist pralinengroße mundgerechte Stücke, die abgeflämmt sind.**

Auf welches der nachfolgend genannten Erzeugnisse trifft diese Beschreibung zu?

1. Lübecker Marzipan
2. Dresdner Marzipan
3. Königsberger Marzipan
4. Salzwedeler Marzipan
5. Karlsruher Marzipan

24. Häufig wird bei der Herstellung von Marzipan Invertase eingearbeitet.

Welche der nachfolgenden Angaben ist zutreffend?

Dabei handelt es sich um …

1. ein Enzym, das die Frischhaltung der Rohmasse verbessert.
2. einen Zuckeraustauschstoff, der die Marzipanqualität verbessert.
3. um einen Indikator, der den Anteil von Pfirsichkernen nachweist.
4. Rosenwasser, das zur Aromabildung eingesetzt wird.
5. den Aromastoff von Bittermandeln, der zur Geschmacksbildung dient.

25. Im Kundengespräch kommt es darauf an, zentrale Verkaufsargumente zu benennen. Wählen Sie drei geeignete Verkaufsargumente aus.

Ich empfehle Ihnen diese Marzipanspezialität weil, …

1. Marzipan kein Cholesterin enthält.
2. Marzipan kein Fett enthält.
3. Marzipan nahezu keine Ballaststoffe enthält.
4. Marzipan auch für Sportler als „Kraftnahrung" geeignet ist.
5. Marzipan besonders für Diabetiker geeignet ist.
6. Marzipan über mehrfach ungesättigte Fettsäuren verfügt.
7. Marzipan bei richtiger Lagerung über Jahre haltbar ist.
8. Marzipan für jeden ein geeignetes Präsent darstellt.
9. Marzipan ausschließlich im biologisch kontrollierten Anbau erzeugt wird.

Das sollten Sie nach der Erarbeitung des 10. Lernfeldes wissen:

1 Sie kennen unterschiedliche Marzipanprodukte und beherrschen die notwendigen Arbeitsschritte zur Herstellung.

2 Sie erkennen die Notwendigkeit qualitätssichernder Maßnahmen bei der Rohstoffqualität und der Verarbeitung von Marzipanrohmasse.

3 Sie beherrschen unterschiedliche Arbeitstechniken zur Gestaltung von Marzipanprodukten und Dekorelementen, wie z. B. Modellieren, Stanzen, Kneifen und Färben.

4 Sie kennen die unterschiedlichen Handelsarten von Marzipan und bewerten die Notwendigkeit zur Einhaltung der in den Leitsätzen benannten Mindestanforderungen.

Platz für eigene Notizen

4.11 Herstellen von Erzeugnissen aus Kuvertüre

Erzeugnisse aus Kuvertüre

Kakao wächst nur in den heißen Gebieten in der Nähe des Äquators. Der Großteil des Kakaos stammt aus Westafrika, sowie aus Mittel- und Südamerika und Indonesien. Zu den bedeutsamen Kakaoarten zählen Criollo und Forastero. Insgesamt gibt es ca. 60 verschiedene Kakaosorten weltweit.

Von der Bohne zur Schokolade

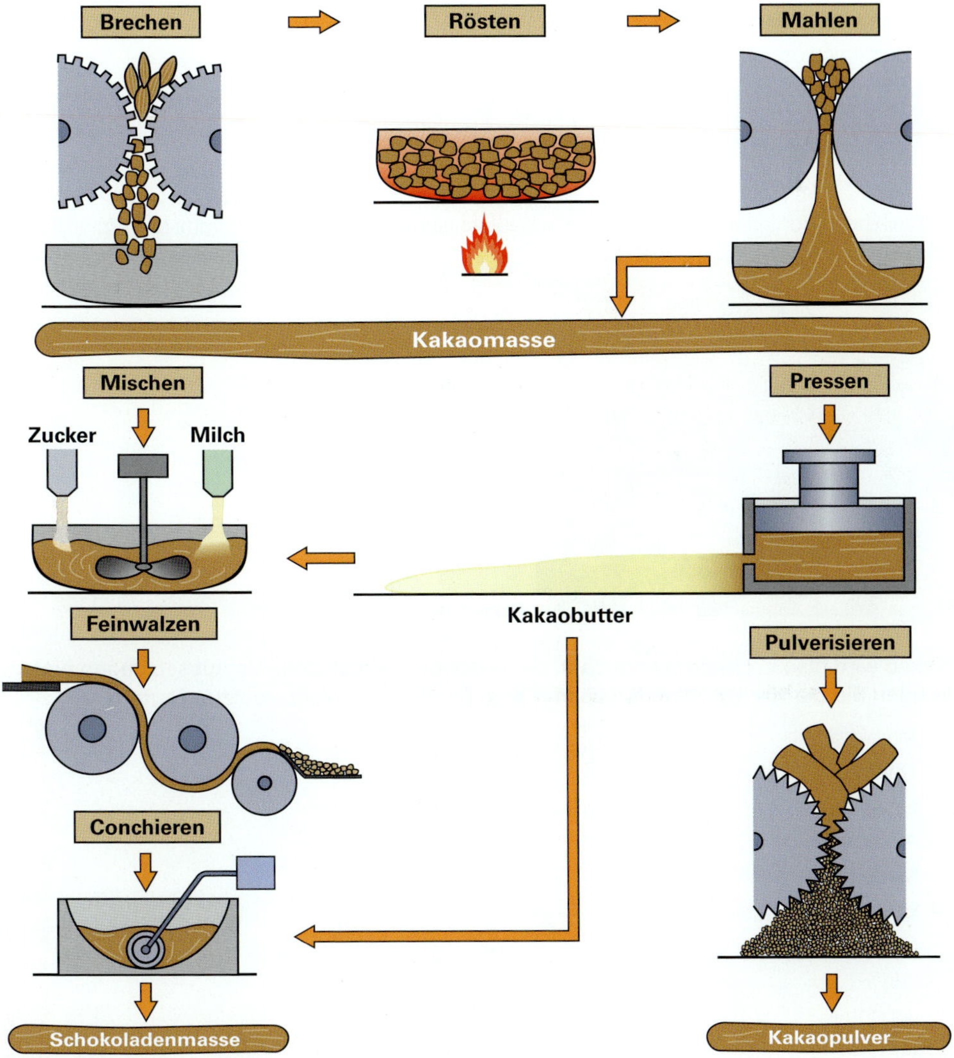

Herstellung von Schokolade

Die Kakaoherstellung lässt sich unterteilen. Zunächst findet die Ernte, Fermentation, Trocknung und Verpackung im Herkunftsland statt, bevor der Kakao zur Weiterverarbeitung exportiert wird.

Beschreiben Sie die Arbeitsschritte von der Kakaobohne zum Kakaopulver

- Kakaobohnen werden gereinigt.
- Kakaobohnen werden geröstet.
- Schale der Kakaobohnen wird gebrochen.
- Unverwertbare Schalenanteile werden entfernt.
- Kakaobohne wird fein gemahlen.
- Kakaobutter verflüssigt sich – Kakaorohmasse entsteht.
- Kakaorohmasse wird gepresst.
- Kakaopresskuchen wird gesiebt und zu Kakaopulver vermahlen.
- Kakaobutter wird abgetrennt.

Der Großteil des importierten Rohkakaos, der in Deutschland verarbeitet wird, stammt aus Afrika. Kakao wird ganzjährig in Äquatornähe angebaut.

Kakaobohne

1. Kakao wird also in Ländern angebaut, die besondere klimatische Voraussetzungen bieten. Wählen Sie die vier zutreffenden Länder aus, für die diese Voraussetzung zutrifft.

(1) Marokko
(2) Ghana
(3) Brasilien
(4) Australien
(5) Madagaskar
(6) Ecuador
(7) China
(8) Iran
(9) Japan
(10) Spanien
(11) Italien
(12) USA

2. **Dabei wird die Qualität der Kakaobohne von folgenden Merkmalen bestimmt. Welche der nachfolgenden Merkmale hat keinen Einfluss auf die Qualität der Kuvertüre?**

Die Qualität wird bestimmt ...

1. von der verwendeten Kakaosorte.
2. von der Herkunft.
3. von der Höhe des Zuckeranteils.
4. von der Dauer der Schiffspassage.
5. von der Dauer des Conchierens.

3. *Benennen Sie die entsprechende Vorbereitung und vervollständigen Sie den Satz.*

Bevor die Kakaobohnen in die Verarbeitungsländer exportiert werden, werden sie ...

1. fermentiert.
2. oxydiert.
3. bardiert.
4. bridiert.
5. mariniert.

Bei der Kakaoherstellung entstehen zahlreiche Zwischenprodukte und Halbfertigprodukte für die Weiterverarbeitung in Konditoreien. Nennen Sie vier Produkte.

- Kakaobutter
- Kakaomasse
- Kakaopulver
- Kakao

4. *Bestimmen Sie den Schmelzpunkt und vervollständigen Sie den Satz.*

Die Kakaobutter verfügt über einen zarten Schmelz, weil ihr Schmelzpunkt...

1. über 50 °C liegt.
2. über 40 °C liegt.
3. bei ca. 34 °C liegt.
4. deutlich über 60 °C liegt.
5. knapp über der Raumtemperatur von 20 °C liegt.

5. *Nennen Sie den zutreffenden Begriff und vervollständigen Sie den Satz.*

Der Begriff „Kuvertüre“ entstammt dem französischen Sprachgebrauch und bedeutet soviel wie ...

1. Glanz
2. Geschmack
3. Reichtum
4. Umschlag
5. Versteck

6. *Nennen Sie die Bedeutung der Zahl und vervollständigen Sie den Satz.*

Sie finden die folgende Zahlenkombination auf der Verpackung: 60/40

Die zweite Zahl gibt an, …

1. dass die Kuvertüre bis 40 °C temperiert werden darf.
2. wie hoch der Zuckeranteil in der Kuvertüre ist.
3. wie lange die Kuvertüre conchiert wurde.
4. wie hoch der Anteil der Kakaobestandteile in der Kuvertüre ist.
5. wie lange die Kuvertüre haltbar ist.

7. **Manchmal finden Sie auch die folgenden Zahlenkombinationen vor: 70/30/40**

Die dritte Ziffer...

1. lässt Rückschlüsse auf die Fließfähigkeit der Kuvertüre zu.
2. bestimmt die optimale Verarbeitungstemperatur.
3. bestimmt die optimale Verarbeitungszeit in Minuten.
4. kennzeichnet die geeignete Lagertemperatur in Grad Reaumur.
5. gibt die Zeit in Minuten an, bis die Kuvertüre vollständig angezogen ist.

Nur bei sorgfältiger Verarbeitung lassen sich einwandfreie Erzeugnisse aus temperierter Kuvertüre herstellen.

Nennen Sie sechs allgemeine Grundregeln, die bei der Verarbeitung von Kuvertüre berücksichtigt werden sollten.

- Kuvertüre muss vor der Verarbeitung (Überzug) temperiert werden.
- Es sollte vor dem Überzug eine Probe gemacht werden.
- Kuvertüre sollte nicht zu stark gerührt werden, damit keine Luft in die Überzugsmasse gerührt wird.
- Es darf kein Wasser in die Kuvertüre kommen.
- Kuvertüre sollte nach Möglichkeit in einem temperierten Raum von ca. 20–22 °C verarbeitet werden.
- Es sollten keine gekühlten Erzeugnisse überzogen werden.

Kuvertüre muss temperiert oder auch vorkristallisiert werden. Zählen Sie drei mögliche Fehler auf, wenn Kuvertüre nicht temperiert wird.

Sie wird:

- grau
- streifig
- matt

Bestimmen Sie vier Merkmale, an denen man fachlich einwandfrei temperierte Kuvertüre erkennt.

Richtig temperierte Kuvertüre:

- besitzt einen seidigen Glanz.
- zieht nach kurzer Zeit an.
- hat einen klaren Bruch.
- hat eine optimale Konsistenz für den Überzug.

Es gibt unterschiedliche Verfahren, um Kuvertüre zu temperieren. Dazu zählen folgende Techniken. Nennen Sie vier mögliche Verfahren.

- Impfen
- Tablieren
- Temperiergerät
- Mikrowelle

Pralinen mit Kuvertüreüberzug

8. *Kennzeichen Sie die zutreffende Erklärung und vervollständigen Sie den Satz.*

Kuvertüre ist schwer zu temperieren und auch die Kakaobutter spielt bei der fachgerechten Temperierung eine zentrale Rolle. Das liegt daran, dass...

1. die Kakaobutter über keinen einheitlichen Schmelzpunkt verfügt.
2. die Kakaobutter über einen hohen Anteil an gesättigten Fettsäuren verfügt.
3. die Kakaobutter erst bei 42 °C ihren Schmelzpunkt erreicht.
4. die Kakaobutter einen gesetzlichen Anteil von 10 % Erdnussfett aufweisen muss.
5. die Kakaobutter je nach Kakaosorte über andere Schmelzpunkte verfügt.

9. **Für das Temperieren von Kuvertüre sollten bestimmte Regeln beachtet werden.**

Kennzeichnen Sie die drei zusammenhängenden Arbeitschritte zum fachgerechten Temperieren der Kuvertüre.

Kuvertüre ...

1. sollte von „oben nach unten" (32 °C auf 27 °C) temperiert werden.
2. sollte dann wieder auf den Kristallisationspunkt von ca. 27 °C herabgekühlt werden.
3. sollte zunächst über 50 °C erwärmt werden, damit sich die Zuckerkristalle lösen.
4. kann unmittelbar auf die Verarbeitungstemperatur von ca. 28 °C erwärmt werden.
5. sollte zuerst auf ca. 45 °C erwärmt werden.
6. kann in kleinen Mengen auch auf dem offenen Feuer erwärmt werden.
7. hat eine ideale Verarbeitungstemperatur von 36 °C – 40 °C.
8. muss schließlich bei einer Raumtemperatur von ca. 26 °C verarbeitet werden.
9. muss dann auf die Verarbeitungstemperatur von 32 °C erwärmt werden.

10. Sie stellen fest, dass Ihre Kuvertürearbeit grau geworden ist. Benennen Sie die mögliche Ursache.

1. In die Kuvertüre ist Wasser gekommen.
2. Die Kuvertüre hatte einen zu hohen Kakaobutteranteil.
3. Die Kakaobutter ist ranzig geworden.
4. Beim Temperieren wurde zu viel Luft untergeschlagen.
5. Kuvertüre wurde zu warm temperiert.

11. Sie stellen fest, dass ihre Vollmilchkuvertüre „grisselig“ geworden ist und sich auch nicht mehr glattrühren lässt. Bestimmen Sie die Ursache.

1. Die Kakaobutter ist zu warm geworden.
2. Milcheiweißstoffe in der Kuvertüre sind geronnen.
3. Der Zuckeranteil in der Kuvertüre ist zu hoch und löst sich nicht.
4. Sie haben versehentlich Wasser in die Kuvertüre geschüttet.
5. Sie haben zu viel Luft unter die Kuvertüre gerührt.

12. *Bestimmen Sie das zutreffende Merkmal.*

Nicht fachgerecht temperierte Kuvertüre lässt sich an folgenden Merkmalen erkennen: Sie …

1. besitzt einen seidigen Glanz.
2. trennt sich leicht vom Untergrund.
3. zieht nach kurzer Zeit an.
4. hat einen großflächigen, knackigen Bruch.
5. bricht unregelmäßig in eher kleinen Stücken.

13. Folgende Fehler lassen sich bei der Verarbeitung von Kuvertüre häufig beobachten. Ordnen Sie die entsprechenden Ursachen den jeweiligen Fehlern zu.

1. Kuvertüre wurde zu warm temperiert.
2. Kuvertüre wurde zu kühl temperiert.
3. Kuvertüre kühlt zu langsam ab.
4. Das zu überziehende Gebäck ist feucht geworden.
5. Das zu überziehende Gebäck war zu kalt.

a) fettreif, streifig
b) zuckerreif
c) Kuvertüre platzt ab
d) glanzlos
e) graustreifig

14. Sie bereiten die bereits am Vortag eingesetzten Sachertorten für den Überzug vor. Welche der nachfolgenden Vorbereitungsarbeiten sollten Sie dabei unbedingt berücksichtigen?

1. Sie müssen die Raumtemperatur auf ca. 35 °C erhöhen, damit der Überzug glänzend anzieht.
2. Sie müssen die Sachertorten in den Gärschrank stellen, um sie optimal zu temperieren.
3. Sie müssen darauf achten, dass die Raumtemperatur ca. 20 °C betragen sollte.
4. Sie sollten darauf achten, dass die Sachertorten eine Temperatur von ca. 15 °C haben.
5. Sie sollten darauf achten, dass die Torten nach dem Überziehen sofort in den Froster gebracht werden.

15. **Kuvertüre kann verschieden temperiert werden. Welche der nachfolgenden Temperiermethoden ist dazu nicht geeignet?**

Die Kuvertüre wird temperiert, indem...

1. sie geimpft wird.
2. sie im Wärmeschrank temperiert wird.
3. ein Temperiergerät verwendet wird.
4. die Kuvertüre tabliert wird.
5. die Kuvertüre im Gärschrank temperiert wird.

16. **Nach der Kakaoverordnung dürfen zur Kuvertüre pflanzliche Fremdfette, bezogen auf den Anteil der Kakaobutter, hinzugefügt werden.**

Nennen Sie den zulässigen Prozentsatz an Fremdfetten und vervollständigen Sie den Satz.

Erlaubt sind bis zu...

1. 12 %
2. 5 %
3. 25 %
4. 50 %
5. 2 %

17. *Bestimmen Sie den vorgeschriebenen Mindestanteil von Kakaobutter in der Kuvertüre.*

Gleiches gilt auch für den Zusatz von Kakaobutter zur Kuvertüre. Dabei muss die Kuvertüre einen Kakaobutteranteil von mindestens...

1. 12 %
2. 18 %
3. 24 %
4. 31 %
5. 3 %

aufweisen.

18. **Bei der Schokolade hingegen beträgt der Mindestgehalt an Kakaobutter ...**

1. 42 %
2. 18 %
3. 60 %
4. 70 %
5. 11 %

19. **Sie wissen bereits, dass der Kuvertüre Fremdfette hinzugefügt werden dürfen. Nennen Sie einen möglichen Grund für dieses Verfahren.**

Fremdfette …

① verbessern das Aroma der Kuvertüre.

② erhöhen die Haltbarkeit der Kuvertüre.

③ verbessern die Fließfähigkeit der Kuvertüre.

④ sind preiswerter.

⑤ haben keinen Einfluss auf die Qualität der Kuvertüre.

Unterscheiden Sie Fettglasur von der Kuvertüre. Benennen Sie vier zentrale Merkmale.

Fettglasur …

- muss keine Kakaobutter enthalten.
- hat keinen typischen Schokoladengeschmack.
- muss nicht temperiert werden.
- kann bis zu 40 °C erhitzt werden.
- ist deutlich preiswerter.
- darf für bestimmte Konditoreierzeugnisse nicht verwendet werden (vgl. Leitsätze).

Kuvertüre …

- Kuvertüre wird vorzugsweise zum Überziehen von Konditoreierzeugnissen verwendet.
- Kuvertüre muss temperiert werden.
- Kuvertüre muss nicht deklariert werden.
- Kuvertüre erfüllt die Qualitätsansprüche der Konditorei.

Mit der Verwendung der Fettglasur lassen sich Vorteile wie auch Nachteile in der Verarbeitung benennen. Bestimmen Sie Vorteile und Nachteile.

Vorteile:

- Fettglasur muss nicht temperiert werden.
- Fettglasur glänzt immer.
- Fettglasur ist preiswerter.

Nachteile:

- Fettglasur hat keinen ausgewiesenen Kakaogeschmack.
- Fettglasur erfüllt nicht die Qualitätsansprüche einer Konditorei.

20. **Das mit unterschiedlichen Temperaturen abgebildete Thermometer kennzeichnet verschiedene Arbeitsschritte der Verarbeitung von Kuvertüre. Weisen Sie den Temperaturstufen die nachfolgenden Arbeitsschritte zu.**

(1) Raumtemperatur
(2) Verarbeitungstemperatur für helle Kuvertüre
(3) Temperatur der zu überziehenden Produkte
(4) Temperatur, die beim Schmelzen von Milchkuvertüre nicht überschritten werden sollte
(5) Verarbeitungstemperatur für dunkle Kuvertüre

(a) = 31–32,5 °C
(b) = 30–31 °C
(c) = ca. 20 °C
(d) = ca. 26 °C
(e) = 50 °C

Thermometer

21. **Sie holen die Pralinen aus dem Lager und stellen fest, dass sich graue Kristalle auf der Oberfläche gebildet haben, sogenannter Zuckerreif. Benennen Sie die mögliche Ursache.**

Die Praline wurde zu …

(1) lange gelagert.
(2) zu warm gelagert.
(3) zu kühl gelagert.
(4) zu kurz gelagert.
(5) feucht gelagert.

22. **Gut temperierte Kuvertüre hat einen „harten Bruch".**

Bestimmen Sie die notwendige Voraussetzung und vervollständigen Sie den Satz.

Dieses Qualitätsmerkmal lässt sich erreichen, indem …

(1) die temperierte Kuvertüre langsam anzieht.
(2) die temperierte Kuvertüre in einem warmen Raum verarbeitet wird.
(3) die Kuvertüre schnell anzieht.
(4) die Kuvertüre ohne Fremdfette verarbeitet wird.
(5) die Kuvertüre ständig in Bewegung gehalten wird.

Beschreiben Sie in Stichworten die Herstellung einer Hohlfigur aus Schokolade.

- Hohlfigur reinigen, ggf. Spülmittelreste entfernen
- Form polieren
- Formen „temperieren" (Raumtemperatur)
- Kuvertüre temperieren
- Formen ggf. mit dunkler, heller oder weißer Kuvertüre ausstreichen und anziehen lassen
- Form mit Kuvertüre füllen
- Kuvertüre durch Drehen der Form gleichmäßig verteilen
- Form aufklopfen, damit Luftblasen entweichen können
- Form umdrehen und Kuvertüre abgießen und mit einer Palette abstreichen
- Form zum Abtropfen auf ein Gitter stellen
- Vor dem Anziehen den noch weichen Rand abschneiden
- Formen abkühlen
- Hohlfigur nach dem völligen Erstarren lösen und verpacken bzw. kühl aufbewahren

Pralinen sind hochwertige Konditoreierzeugnisse. Zählen Sie die Hauptrohstoffe auf, die bei der Herstellung hauptsächlich verwendet werden.

- Kuvertüre
- Spirituosen
- Marzipan
- Nugat
- Sahne
- Butter
- Aromen
- Früchte
- usw.

23. Für die Herstellung von Trüffelpralinen wird Canache verwendet. Zum Füllen der Hohlkörper eignet sich dabei das folgende Mischungsverhältnis von Kuvertüre und Sahne.

(1) 1 : 1
(2) 2 : 1
(3) 3 : 1
(4) 4 : 1
(5) 1 : 2

24. *Kreuzen Sie die zwei zutreffenden Antworten an und vervollständigen Sie die Sätze.*

Die Pralinenherstellung unterliegt der Lebensmittel-Kennzeichnungsverordnung. Danach gilt, dass...

(1) Pralinenerzeugnisse mindestens einen Schokoladenanteil von 25 % des Gesamtgewichtes des Erzeugnisses aufweisen müssen.
(2) Pralinenerzeugnisse auch ohne Kakaotrockenmasse hergestellt werden dürfen.
(3) Pralinenerzeugnisse nur saisonbedingt vertrieben werden dürfen.
(4) Pralinenerzeugnisse mindestens 8 % Kakaobutter enthalten müssen.
(5) Pralinenerzeugnisse mundgerecht sind.
(6) Pralinenerzeugnisse auch mit Kokosnussöl versehen werden dürfen.

25. **Der Kuvertüre dürfen außer der Kakaobutter Fremdfette hinzugefügt werden. Bestimmen Sie die zwei pflanzlichen Fette, die hinzugefügt werden dürfen.**

1. Palmöl
2. Borneo-Talg
3. Pfirsichcoulis
4. Kokum gurgi
5. Erdnussfett
6. Schmalz

26. *Bestimmen Sie die Spezialität und vervollständigen Sie den Satz.*

Unter einem Trüffel versteht man nicht nur eine Pralinenspezialität, sondern auch...

1. eine bestimmte Insektenart, die auch als Trüffelfliege bezeichnet wird.
2. eine Schalenfrucht aus Madagaskar.
3. einen Hartkäse, ähnlich dem Parmesan aus Italien.
4. eine Pilzart, die unterirdisch in Symbiose mit Baumwurzeln wächst.
5. eine Süßspeise aus dunklen Tonkabohnen.

„Echte Trüffel" gefunden von einem ...

... Trüffelschwein.

27. *Bestimmen Sie das Produkt und vervollständigen Sie den Satz.*

Zur Herstellung von Pralinen wird häufig auch Nugat eingesetzt. Dabei handelt es sich um ...

1. eine spezielle Kakaosorte aus Ghana.
2. ein Halbfertigprodukt aus gerösteten Pfirsichkernen.
3. ein Halbfertigprodukt aus Mandeln oder Nüssen, sowie geschmolzenem Zucker.
4. um eine Pralinenart ohne Kuvertüre.
5. um eine Schokoladenspezialität aus Agar-Agar.

28. **Ein Kunde bestellt in Ihrer Konditorei Nougat Montélimar. Was ist darunter zu verstehen?**
Kennzeichnen Sie die zwei zutreffenden Antworten und vervollständigen Sie die zwei Sätze.

Nougat de Montélimar …

1. wird auch als „Türkischer Honig bezeichnet.
2. ist kein Nugat, da er ohne Kakao hergestellt wird.
3. ist ein Nugat, der aus einer französischen Nusssorte hergestellt wird.
4. ist eine alte Bezeichnung für den aus Gianduja-Haselnüssen hergestellten Nugat aus dem Piemont.
5. bezeichnet eine weiße Nugatschokolade.
6. ist eine Pralinenart, die ausschließlich mit Nugat gefüllt ist.

Rezeptbeispiel für Nougat Montélimar

Nougat Montélimar, geschnitten
170 g Honig
45 g Eiklar
200 g Zucker
100 g Glukose
150 g weiße Mandeln
40 g Pistazien

Nougat Montélimar („Türkischer Honig")

29. **Sie stellen fest, dass die Verpackung, in der die Kakaobutter lagert, beschädigt ist.**

1. Sie machen sich keine Sorgen, da Kakaobutter unbegrenzt haltbar ist.
2. Sie prüfen die Kakaobutter mithilfe der sogenannten Nagelprobe.
3. Sie prüfen den Geschmack der Kakaobutter, da diese schnell altert und ranzig wird.
4. Sie verarbeiten die Kakaobutter sofort, denn Frische ist ihr oberstes Gebot.
5. Sie schmelzen die Kakaobutter und frieren sie anschließend ein.

30. **Sie erklären einem Kunden, dass Schokolade temperiert werden muss. Welche der nachfolgenden Faktoren sind dafür von besonderer Bedeutung?**

1. Zeit, Temperatur und Bewegung
2. Kakao, Kakaomenge und Zeit
3. Kakaobutter, Schmelzpunkt und Zeit
4. Kristallisationspunkte, Hitze und Conchierdauer
5. Frische, Schnelligkeit und Glanz

Das sollten Sie nach der Bearbeitung des 11. Lernfeldes wissen:

1. Sie kennen die Herstellung von Kuvertüre, nennen Halbfertigprodukte wie Kakaobutter und Kakaopulver und beschreiben den Herstellungsprozess von der Kakaobohne zur Kuvertüre.
2. Sie temperieren Kuvertüre und verarbeiten diese zu Pralinen, Dekorelementen und Überzügen für weitere Konditoreiprodukte.
3. Sie identifizieren die Kennzeichen einer einwandfreien Kuvertürearbeit.
4. Sie unterscheiden Schokolade, Kuvertüre und Fettglasur und bestimmen mögliche Formen der Verarbeitung.

4.11 Herstellen von Speiseeis

1. Welche der nachfolgend genannten Speiseeissorten sind nicht in den Leitsätzen aufgeführt?

① Rahmeis
② Milcheis
③ Wassereis
④ Zitroneneis
⑤ Eiscreme
⑥ Softeis

Softeis

2. Die Speiseeissorten haben bestimmte gesetzliche Anforderungen zu erfüllen.

Kennzeichnen Sie die gesetzliche Bestimmung und vervollständigen Sie den Satz.

Dabei gilt, dass Milchspeiseeis ...

① höchstens 70 % Vollmilch enthalten darf.
② zu 100 % aus Vollmilch entstehen muss.
③ mindestens 70 % Vollmilch enthalten muss.
④ mindestens zu 10 % aus Milch bestehen muss.
⑤ zu 50 % aus Milch und zu 50 % aus Milchfett bestehen muss.

3. *Kennzeichnen Sie die gesetzliche Bestimmung und vervollständigen Sie den Satz.*

Für die Herstellung von Fruchteis gilt,...

① dass der Fruchtanteil mindestens 20 % betragen muss.
② dass das Eis zu 100 % aus Früchten bestehen muss.
③ dass ein Fruchtsaftanteil von 50 % verwendet werden muss.
④ dass nur einheimische Früchte für die Herstellung verwendet werden können.
⑤ dass nur Zitrusfrüchte verwendet werden dürfen.

4. Um eine homogene, gleichmäßige Eismasse bei der Eisherstellung zu erhalten, benötigt man geeignete Eisbindemittel.

Nennen Sie vier:

- Agar-Agar
- Johannisbrotkernmehl
- Gelatine
- Guarkernmehl

Speiseeis ist ein besonderer Nährboden für Mikroorganismen. Nennen Sie drei Rohstoffe, die mit besonderer Sorgfalt behandelt werden müssen.

- Eier
- Milch
- Sahne

Die Eisherstellung gilt unter hygienischen Aspekten als besonders sensibel. Nennen Sie zentrale Hygienemaßnahmen, die bei der Eisherstellung zu berücksichtigen sind.

- Frische Eier oder pasteurisiertes Ei verwenden
- Einhaltung der Betriebs-, Personal- und Produkthygiene
- Speiseeis nur in vom übrigen Betriebsablauf abgeschirmten Räumen herstellen
- keine Nutzung von Arbeitsgeräten aus Holz
- Eisgeräte sind täglich nach der Eisproduktion zu reinigen
- Verwendete Arbeitsgeräte dürfen nur für die Eisherstellung verwendet werden
- Nutzung hygienischer Arbeitskleidung (Kochwäsche)
- Kopfbedeckung, Einweghandtücher, Handwaschbecken mit Flüssigseife etc.
- Pasteurisierung von Milch, Sahne und Eiern
- Auswahl einwandfreier Produkte zur Weiterverarbeitung, kein angefaultes Obst

5. Sie stellen ein Parfait her. Welche der nachfolgenden Aussagen zur Herstellung oder zur Zusammensetzung ist zutreffend?

(1) Für die Herstellung des Parfaits gilt die Cremeeisverordnung.
(2) Dazu muss das Parfait einen Mindestfettgehalt von 18 % aufweisen.
(3) Danach stellen Sie das Parfait klassisch her, da Sie alle Zutaten kalt verarbeiten.
(4) Das Parfait wird in einer Eismaschine gekühlt und anschießend in einem Eisbecher serviert.
(5) Das Parfait wird im Italienischen auch als Cassata bezeichnet.

6. Sie schmecken Ihr Parfait mit Alkohol ab.

Welche der nachfolgenden Aussagen zur Wirkung des Alkohols ist zutreffend?

(1) Je mehr Alkohol Sie verwenden, desto besser schmeckt das Eis.
(2) Je höher der Alkoholgehalt, desto gefrierhemmender ist die Wirkung des Alkohols.
(3) Je mehr Alkohol Sie verwenden, desto geschmeidiger wird das Eis.
(4) Je mehr Alkohol Sie verarbeiten, desto länger ist das Eis haltbar.
(5) Je mehr Alkohol Sie verarbeiten, desto geringer ist die Keimzahl im Eis.

7. *Bestimmen Sie die mengenmäßige Hauptzutat.*

Sie stellen ein Walnussparfait her. Die Hauptzutaten für dieses Parfait bestehen …

(1) aus Walnüssen.
(2) Zucker und Alkohol.
(3) Eiklar und Fett.
(4) Eiern und Sahne.
(5) eingelegten Früchten und Zucker.

8. Sie lagern ihr produziertes Eis. Welche der genannten Arbeiten und Lagerbedingungen muss eingehalten werden?

1. Dazu wird das Eis zunächst im Kühlhaus abgekühlt, bevor es gefroren wird.
2. Dazu wird die Oberfläche der Eisbehälter mit einem Wasserfilm benetzt, um es vor Austrocknung zu schützen.
3. Dazu wird das Eis im Froster bei –18 °C gelagert.
4. Dazu wird die oberste Schicht mit einer Alufolie bedeckt und dann schockgefroren.
5. Dazu wird das Eis im Tiefkühler bei höchstens –10 °C gelagert, um es streichfähig zu halten.

9. Sie stellen ein Vanilleeis her, sind sich aber unsicher, wie sie es deklarieren müssen. Welche Aussage zur Deklaration von Vanilleeis ist zutreffend?

1. Vanilleeis darf jedes Eis genannt werden, vorausgesetzt es schmeckt nach Vanille.
2. Vanilleeis, das mit künstlichem Vanillearoma hergestellt wurde, darf in seiner Namensführung nicht den Zusatz Vanille führen.
3. Vanilleeis darf nur dann als Vanilleeis bezeichnet werden, wenn es mit echter Vanille aus Madagaskar verarbeitet wurde.
4. Vanilleeis darf nur als solches gekennzeichnet werden, wenn es mit natürlicher Vanille hergestellt wurde.
5. Vanilleeis darf ohne jede Kennzeichnungspflicht geführt werden, wenn das Eis unverpackt angeboten wird.

Eistheke

10. *Kennzeichnen Sie die zwei zutreffenden Erklärungen und vervollständigen Sie den Satz.*
Sie bieten in ihrem Café auch Softeis an.
Dabei handelt es sich...

1. um eine spezielle, eigenständige Eissorte.
2. um keine eigenständige Eissorte.
3. um eine Eissorte, die besonders weich, locker und geschmeidig ist.
4. um eine Art Wassereis, das in Softeisautomaten hergestellt wird.
5. um ein Fertigprodukt, das unter Zufuhr von Kohlenstoffdioxid aufgeschäumt wird.
6. um ein hochwertiges Konditoreierzeugnis, das ausschließlich aus Sahne hergestellt wird.

11. Sie stellen fest, dass eine Eisbox bereits angetaut ist, und messen eine Temperatur von −4 Grad Celsius.

Welche Maßnahme müssen Sie treffen?

1. Das Speiseeis hat noch nicht die 0 °C Grenze unterschritten und kann wieder eingefroren werden.
2. Das Speiseeis muss entsorgt werden, da es bereits angetaut war.
3. Das Speiseeis muss unverzüglich schockgefroren werden.
4. Das Speiseeis muss einer Geschmacksprobe unterzogen werden, um eine mögliche Salmonellenvergiftung zu erkennen.
5. Das Speiseeis wird mit tiefgekühltem Eis vermengt, um eine Gesundheitsgefährdung auszuschließen.

12. Will man ein hochwertiges Speiseeis herstellen, muss das Verhältnis von Wasser und Trockenbestandteilen in einem spezifischen Mengenverhältnis stehen.

Bestimmen Sie das passende Verhältnis zwischen Wasser und Trockenmasse.

Ideal ist ein Verhältnis ...

1. von ca. 65 % Wasser und 35 % Trockenmasse.
2. von 80 % Wasser und 20 % Trockenmasse.
3. von 90 % Wasser und 10 % Trockenmasse.
4. von 50 % Wasser und 50 % Trockenmasse.
5. von 25 % Wasser und 75 % Trockenmasse.

13. *Bestimmen Sie die zwei zutreffenden Auswirkungen bei einem fehlerhaften Mengenverhältnis.*

Stimmt das Mengenverhältnis von Trockenmasse und Wasser nicht, gilt, dass ...

1. bei zu viel Wasser sich zahlreiche kleine Eiskristalle bilden.
2. bei zu wenig Wasser, dass sich nur wenige große Eiskristalle bilden.
3. bei zu viel Wasser die lange Gefrierzeit zu Geschmackseinbußen führt.
4. bei zu wenig Wasser das Eis zu hart wird.
5. bei zu viel Wasser sich zu große Eiskristalle bilden.
6. bei zu wenig Wasser sich die Trockenbestandteile nicht hinreichend auflösen.

Bei der Eisherstellung werden die trockenen Zutaten mit der benötigten Flüssigkeit vermengt. Um jedoch eine homogene Eismasse zu erhalten, müssen spezifische Eisbindemittel hinzugefügt werden. Welche Inhaltsstoffe enthalten Eisbindemittel?

- Emulgatoren und Stabilisatoren

Nachfolgend finden Sie eine Rezeptur für Milcheis nach dem heißen Herstellungsverfahren. Beschreiben Sie die Herstellung in Stichworten.

Milch
Zucker
Trockenmilch
Bindemittel
Dextrose
Salz
Sahne
Eigelb

Herstellung:

Zucker, Trockenmilch, Bindemittel, Dextrose und Salz vermengen. Alles der pasteurisierten Milch zufügen. Sahne und Eigelb hinzufügen, homogenisieren und pasteurisieren. Abkühlen, reifen lassen. Geschmacksträger zusetzen und gefrieren.

14. *Bestimmen Sie die möglichen Auswirkungen und vervollständigen Sie den Satz.*

Der Zusatz von Fett zum Speiseeis garantiert einen ausgewogenen Geschmack. Wird jedoch zu viel Fett hinzugefügt, führt dies...

1. zu einem Volumenverlust des Eises.
2. zu einem einseitigen „Fettgeschmack" des Eises.
3. zu einer vorzeitigen „Alterung" des Eises.
4. zu einer weichen, gummiartigen Konsistenz des Eises.
5. zu einer erhöhten Luftaufnahme des Eises.

15. *Kennzeichnen Sie die beiden zutreffenden Auswirkungen und vervollständigen Sie den Satz.*

Bei der Speiseeiszubereitung wird ein Teil des Zuckers durch Dextrose ersetzt.

Man ersetzt Zucker durch Dextrose, ...

1. weil Dextrose eine deutlich geringere Süßkraft besitzt.
2. weil Dextrose den Gefrierpunkt des Eises senkt.
3. weil Dextrose eine deutlich höhere Süßkraft besitzt.
4. weil Dextrose für die Bildung großer Eiskristalle verantwortlich ist.
5. weil Dextrose die Haltbarkeit des Eises erhöht.
6. weil Dextrose als Vielfachzucker für eine cremige Konsistenz sorgt.

16. Gutes Fruchteis hat einen Wert von 18 Grad Bé. Damit lässt sich die Menge für die lösliche Trockensubstanz in einer Flüssigkeit bestimmen. Welche der nachfolgenden Angaben erfüllt dabei denselben Zweck?

1. 35 °Reaumur
2. 24 °Celsius
3. 32 °Brix
4. 35 °Kelvin
5. 450 °Fahrenheit

17. Bei der Eisherstellung werden Brixgrade mit dem Refraktometer gemessen. Dabei gilt für die Angabe von 38 °Brix, dass in einem Liter Eis...

1. 38 g Zucker in der Speiseeiszubereitung enthalten sind.
2. 38 % Trockenbestandteile enthalten sind.
3. die Gefriergeschwindigkeit von einem Liter Eis 38 mm pro Stunde beträgt.
4. die Mindesthaltbarkeitsdauer von 1000 ml Eis 38 Tage beträgt.
5. mindestens 38 % Fett enthalten sind.

18. Bei der Herstellung von Speiseeis entstehen zuweilen unterschiedliche Mängel.

Benennen Sie die möglichen Ursachen der Mängel, indem Sie die Ursachen und Erklärungen den jeweiligen Fehlern zuordnen.

1. Das Eis hat keinen Auftrieb (Geschmack und Struktur).
2. Das Eis ist zäh.
3. Das Eis ist zu weich.
4. Das Eis ist zu hart.
5. Das Eis hat eine kristalline Struktur.
6. Das Eis ist „zu kalt“.

a) Es wurde zu viel Alkohol verwendet.
b) Es wurde zu wenig Zucker verarbeitet.
c) Es wurde zu viel Wasser verwendet.
d) Es wurde zu viel oder zu wenig Fett verwendet.
e) Es wurde während der Lagerung nicht abgedeckt.
f) Die Reifezeit des Eises war zu kurz, durch mangelnde Quellung ist zu viel freies Wasser vorhanden.

Eisdessert

19. *Kennzeichnen Sie die entsprechende Arbeitstechnik und vervollständigen Sie den Satz.*

Für die Herstellung eines Obstbechers werden die Früchte mazeriert.

Das heißt, die ...

1. Früchte werden getränkt oder eingelegt.
2. Früchte werden pasterurisiert.
3. Früchte werden geschält.
4. Früchte werden püriert.
5. Früchte werden entkernt und filetiert.

Nennen Sie mögliche Saucen, die zu einem Speiseeis serviert werden können.

- Orangensauce
- Karamellsauce
- Schokoladensauce
- Erdbeersauce
- Himbeersauce

20. *Bestimmen Sie den entsprechenden Fachbegriff und vervollständigen Sie den Satz.*

Sie stellen ein Parfait her. In der Fachsprache bezeichnet man ein Parfait auch ...

(1) als Volleis
(2) als Samteis
(3) als Halbgefrorenes
(4) als Milch-Sahneeis
(5) als Cassata

21. Nachfolgend finden Sie einige klassische Eisspeisen. Ordnen Sie den namengebenden Rohstoff den Eisspezialiäten zu.

(1) Coupe Danmark
(2) Blauer Dragoner
(3) Coupe Romanow
(4) Coupe Melba
(5) Coupe Belle-Hélène
(6) Coupe Cassis

(a) Kompottpfirsiche auf Vanilleeis
(b) Vanilleeis mit Schokoladensauce
(c) Vanilleeis mit Heidelbeeren/Heidelbeermark
(d) Kompottbirnen auf Vanilleeis
(e) Vanille-, Pistazien- und Haselnusseis mit Schwarzen Johannisbeeren
(f) Vanilleeis mit Erdbeeren, Kirschwasser und Maraschino

22. *Bestimmen Sie die Eisspezialität und vervollständigen Sie den Satz.*

Bei der Eisspezialität Cassata handelt es sich um ...

(1) eine eisbombenähliche süditalienische Spezialität mit marinierten und kandierten Früchten.
(2) eine südfranzösische Eisspezialität mit Lavendelgeschmack.
(3) ein Eisomelett mit einem abgeflämmten Marzipanring.
(4) einen Eispalatschinken mit Schokoladeneis.
(5) einen Eispunsch mit Cognac, der in gefrorenen Gläsern angerichtet wird.

Cassata

23. *Bestimmen Sie die entsprechende Zubereitungsart und vervollständigen Sie den Satz.*

Sie stellen ein Fruchteis her. Dafür wird der Eismix …

1. heiß verarbeitet.
2. kurzzeitig über 100 °C erhitzt.
3. kalt verarbeitet.
4. mit mindestens 20 % Zitronensaft versehen, um die Keime abzutöten.
5. zur geschmacklichen Abrundung mit ca. 20 % Sahne versehen.

24. Nachfolgend finden Sie vier Rezepturen. Ordnen Sie diese den entsprechenden Eisspezialiäten zu.

1. Granité
2. Spoom
3. Sorbet
4. Eispunsch

a) 400 ml Orangensaft
250 ml Grapefruitsaft
75 ml Champagner
mit Läuterzucker verarbeiten (17 °Bé)
Eischnee unterheben, mit Champagner
aufgießen und in Gläsern anrichten

b) 400 ml Ananassaft
300 ml Weißwein
vermengen (14 °Bé)
gefrieren ohne Bearbeitung
in Gläser füllen und mit Sekt übergießen

c) 200 g Aprikosenmark
100 ml Wasser
80 g Zucker
Zitronensaft
vermengen – passieren – gefrieren

d) 140 g Zucker
220 ml Wasser
12 g Zitrone
aufkochen, passieren mit 275 ml Weißwein und Zitronensaft
verrühren und gefrieren
Eischnee aus pasteurisiertem Eiklar unterziehen und in
Gläsern servieren

Granité

25. *Bestimmen Sie die zutreffende Beschreibung und vervollständigen Sie den Satz.*

Bei einem Sorbet handelt es sich um ...

1. einen Eisflip, der aus pasteurisiertem Vollei hergestellt wird.
2. ein trinkbares Eis mit einem hohen Fruchtanteil.
3. einen Eiskloß, der mit eingelegten Früchten gefüllt wird.
4. ein Milchfrappé, das mit Milch, Läuterzucker und Eis gemixt wird.
5. ein halbgefrorenes Softeis.

Erdbeersorbet

26. *Bestimmen Sie die zutreffende Beschreibung und vervollständigen Sie den Satz.*

Für ein Süßspeisenbufett stellen Sie ein Omelette surprise her. Dabei handelt es sich ...

1. um ein Omelett mit einer Sorbetfüllung.
2. um ein Eis mit unterschiedlichen Eissorten.
3. um ein Eis nach Art des Hauses.
4. um ein Eis, das im Ofen abgeflämmt wird.
5. um ein Eis in Rehrückenform, das angeschmolzen serviert wird.

27. Die Hauptbestandteile des Eises haben unterschiedliche Auswirkungen auf Konsistenz und Geschmack des Eises. Ordnen Sie den Hauptbestandteilen jeweils zwei entsprechende Auswirkungen auf die Qualität des Eises zu.

(1) Eiskristalle
(2) Luft
(3) Wasser
(4) Trockenmasse

(a) ... macht das Eis kremig
(b) ... ist verantwortlich für die Volumenzunahme
(c) ... bildet Eiskristalle
(d) ... kann kleine oder große Eiskristalle bilden
(e) ... dürfen nicht zu groß sein, da sie als geschmacklich störend empfunden werden
(f) ... haben keinen Einfluss auf die Konsistenz des Eises
(g) ... ist verantwortlich für die Konsistenz des Eises
(h) ... ist verantwortlich für den Schmelz und Geschmack des Eises

28. *Welche der nachfolgenden Aussagen ist **nicht** zutreffend?*

Betrachtet man den Einfluss des Zuckergehaltes auf das Eis, gilt:

① Je höher der Zuckergehalt im Eis, desto weicher ist das Eis.
② Je geringer der Zuckergehalt im Eis, desto härter ist es.
③ Zucker ist dafür verantwortlich, dass das Eis eine geschmeidige Konsistenz erhält.
④ Idealerweise liegt die Zuckerzugabenmenge zwischen 14 % und 25 %.
⑤ Zucker sorgt dafür, dass das Eis überhaupt gefriert.

Neben der Verwendung des Kristallzuckers lassen sich auch andere Zuckerarten einsetzen. Nennen Sie drei Zuckerarten.

- Dextrose
- Honig
- Invertzuckersirup
- Glukose

Im Unterschied zum Kristallzucker unterscheiden sich diese Zuckersorten hinsichtlich ihrer Auswirkungen auf die Eisherstellung. Bestimmen Sie die Unterschiede.

Sie unterscheiden sich …

- in ihrer Süßkraft und ihrer gefrierhemmenden Wirkung.
- in ihrer Lagerfähigkeit und Kristallbildung.
- durch ihren Einfluss auf die Konsistenz des Eises.

Für ein gutes Fruchteis sollte man folgendes Mischungsverhältnis einsetzen

Bestimmen Sie ein Mengenverhältnis.

- $^1/_3$ passierte Früchte – $^1/_3$ Wasser – $^1/_3$ Zucker

29. *Bestimmen Sie die zwei Maßeinheiten und vervollständigen Sie den Satz.*

Will man den Zuckergehalt des Eises messen, greift man auf die Einheit …

① Beaume
② Brix
③ Reaumur
④ Celsius
⑤ Fahrenheit
⑥ Kelvin

… zurück.

Oft wird dem Fruchteis Säure zugegeben. Warum?

Dadurch wird …

- der Fruchtgeschmack intensiviert.
- das Bräunen der Früchte verhindert.
- die Keimzahl gesenkt.

Das sollten Sie nach der Bearbeitung des 12. Lernfeldes wissen:

1. Sie kennen die Unterschiede verschiedener Speiseeisorten und deren rechtliche Bestimmungen.
2. Sie kennen den Einfluss unterschiedlicher Rohstoffe, insbesondere der Eisbindemittel und ihre Auswirkungen auf die Eisqualität.
3. Sie stellen unterschiedliche Speiseeissorten her und erläutern die einzelnen Herstellungsschritte (Eismix und Pasteurisationsvorgang).
4. Sie stellen Parfaits, Eisbomben und Eistorten her.
5. Sie erkennen die Notwendigkeit besonderer hygienischer Maßnahmen bei der Herstellung von Eis.

Platz für eigene Notizen

4.13 Trendgebäck und Spezialgebäck

Spezialgebäcke werden in der Konditorei immer häufiger nachgefragt. Insbesondere gilt dies für Kunden, die ernährungsbewusst einkaufen oder Wert auf die nachhaltige Herstellung von Backwaren legen.

1. **Daher sind Spezialgebäcke aus dem Produktangebot der Konditoreien nicht mehr wegzudenken.**
Welche folgenden Produktgruppen zählen dazu?

1. Vollkorngebäck, Diätetische Backwaren
2. Vitaminhaltige Füllungen, Erfrischende Obstprodukte
3. Hochzeitstorten, Schaustücke
4. Kleine Gerichte, Süßspeisen
6. Glutenhaltige Backwaren

2. **Nachfolgend finden Sie mögliche Argumente, die für eine Erweiterung des Angebots von Spezialgebäcken sprechen. Welches Argument zählt nicht dazu?**

1. Höhere Kundenzufriedenheit
2. Erweiterung des Produktsortiments
3. Abgrenzung zu den Mitbewerbern
4. Beitrag zur ökologischen Nachhaltigkeit
5. Einsatz preiswerter Auszugsmehle

3. **Das Gebäcksortiment in den Konditoreien folgt häufig gesellschaftlichen Trends und Modeerscheinungen. Welche zwei der nachfolgenden Trends unterstützt die Nachfrage nach Spezialgebäcken?**

1. Zeit ist Geld
2. „Geiz ist G....“
3. „Alles Bio?“
4. So schmeckt NRW
5. Gut und Günstig
6. Jung und Schön

4. *Vervollständigen Sie den Satz.*

Der ernährungsphysiologische Wert von Backwaren lässt sich verbessern, wenn ...

1. Weizenmehl mit der Type 405 verarbeitet wird.
2. Produkte aus dem biologischen Anbau verarbeitet werden.
3. Produkte aus Übersee verarbeitet werden.
4. Vollkornerzeugnisse mit einem hohen Ballaststoffanteil verwendet werden.
5. Zucker durch Honig ersetzt wird.

5. **Häufig wird darauf verwiesen, dass Diabetiker auf Vollkornprodukte zurückgreifen sollen. Nennen Sie einen möglichen Grund und vervollständigen Sie den Satz.**

Diabetiker sollen auf Vollkornprodukte zurückgreifen, weil ...

1. sich Vollkornprodukte besser verdauen lassen.
2. die Ballaststoffe die Zuckeraufnahme im Blut erhöhen.
3. die Ballaststoffe die Zuckeraufnahme ins Blut verlangsamen.
4. Vollkornprodukte kein Zucker enthalten.
5. Vollkornprodukte kein Fett enthalten.

6. **Als Zuckeraustauschstoff in Diabetikerprodukten wird häufig Sorbit verwendet. Woraus wurde dieser Zuckeraustauschstoff ursprünglich gewonnen?**

1. aus Zuckerrüben
2. aus den Früchten der Eberesche (Vogelbeere)
3. aus Kartoffeln
4. aus Kernobst und Steinobst
5. aus der Bergkiefer

Eberesche (Vogelbeerbaum)

7. *Nennen Sie die zutreffende Erklärung und vervollständigen Sie den Satz.*

Sorbit eignet sich als Zuckeraustauschstoff für Diabetiker besonders, weil...

1. der Körper für den Abbau kein Insulin benötigt.
2. Sorbit außerordentlich stark süßt.
3. Sorbit die Zuckeraufnahme verhindert.
4. weniger Kalorien liefert als Haushaltszucker.
5. der Verzehr von Sorbit stärker sättigt.

Stellen Sie mögliche Verkaufsargumente für Vollkornprodukte zusammen. Nennen Sie mindestens drei Argumente.

- Vollkorngebäck bleibt länger frisch.
- Vollkorngebäcke sind ballaststoffreich und sättigen schneller.
- Vollkorngebäcke sind verdauungsfördernd.

9. **Neben den Vollkornprodukten zählen sogenannte funktionelle Lebensmittel zu den gesunden Lebensmitteln.**

Nennen Sie die entsprechende Erklärung und vervollständigen Sie den Satz.

Unter funktionellen Lebensmitteln versteht man Lebensmittel, die ...

1. ohne Fett hergestellt werden.
2. ohne Zucker hergestellt werden.
3. mit Zuckeraustauschstoffen angereichert werden.
4. bestimmte Körperfunktionen beeinflussen, z. B. Erhöhung der Sehkraft.
5. mit gesunden Nahrungsergänzungsmitteln angereichert werden.

10. **In den folgenden Beschreibungen finden Sie Werbeaussagen, die zum Kauf funktioneller Lebensmittel anregen sollen.**

Welche der genannten Werbeaussagen zu den funktionellen Lebensmitteln ist nicht zulässig?

1. Diese Margarine verhindert einen Herzinfarkt.
2. ACE-Getränke steigern Ihre Abwehrkräfte.
3. Probiotische Mittel stärken die Darmflora.
4. Müsliriegel erhöhen die Ballaststoffaufnahme.
5. Omega-3-Fett-Säuren sind gesund.

Fischfleisch ist reich an essenziellen Fettsäuren

Das sollten Sie nach der Bearbeitung des 13. Lernfeldes wissen:

1. Sie können Diätetische Lebensmittel von funktionellen Lebensmitteln unterscheiden.
2. Sie prüfen den Einsatz von sogenannten Trendgebäcken im Hinblick auf ihren betriebswirtschaftlichen Nutzen für den Konditoreibetrieb.
3. Sie verfügen über die fachlichen Kenntnisse zur Herstellung und Verarbeitung von Spezialgebäcken.

4.14 Planen und Durchführen einer Aktionswoche

Aktionswochen in der Konditorei sind unverzichtbare Werbemaßnahmen, um auch in umsatzschwächeren Zeiten Kunden gewinnen zu können. Dabei erfüllt die Aktionswoche gleich mehrere Ziele. Stammkunden erfreuen sich an der Erweiterung des Sortiments, neue Kunden lassen sich durch gezielte Ansprachen gewinnen und ebenfalls erfolgt eine Abgrenzung zu den Mitbewerbern. Ein willkommener Begleiteffekt ist zudem, dass sich die Backstubenmannschaft mit neuen Produkten und Herausforderungen auseinandersetzen kann.

1. Sie planen in Ihrer Konditorei eine Aktionswoche. Welche Folgen hat dies für Ihren Betrieb?

(1) Es ist mit Umsatzeinbußen zu rechnen.
(2) Es müssen weitere Mitarbeiter eingestellt werden.
(3) Der Bekanntheitsgrad des Betriebes wird erhöht.
(4) Das Gewerbeaufsichtsamt muss vorher informiert werden.
(5) Es muss ein eigenes HACCP-Konzept für die Aktionswoche erstellt werden.

Der Zeitpunkt Ihrer Aktionswoche soll im Juni sein. Wählen Sie ein Motto für diese Aktionswoche aus.

- „Erdbeerrot macht Wangen rot“

Erdbeertorten

2. *Bestimmen Sie die zutreffende Antwort und vervollständigen Sie den Satz.*

Sie bereiten die Werbemaßnahmen für die Aktionswoche vor. Dabei erinnern Sie sich an die AIDA-Formel. Diese verfolgt das Ziel....

(1) Kunden umfassend über Ihren Betrieb zu informieren.
(2) Kunden zum Kauf Ihrer Backwaren zu animieren.
(3) Kunden über die Inhaltsstoffe Ihrer Produkte zu informieren.
(4) Kunden über das Preis-Leistungs-Verhältnis zu informieren.
(5) Kunden über die Öffnungszeiten während Ihrer Aktionswoche zu informieren.

3. *Bestimmen Sie den entsprechenden Arbeitsschritt und vervollständigen Sie den Satz.*

Bevor Sie Ihre Werbemaßnahmen planen, prüfen Sie, ...

① welche Mitarbeiter für die Produktion zuständig sind.
② ob ausreichende Kühlmöglichkeiten vorhanden sind.
③ ob ausreichend Rohstoffe vorhanden sind.
④ welche Zielgruppe Sie ansprechen möchten.
⑤ ob ausreichend Wechselgeld in den Kassen ist.

4. Ihr Chef bittet Sie um einige Ideen, wie Sie die Aktionswoche bewerben möchten. Sie schlagen folgende Maßnahmen vor. Welche ist nicht geeignet?

① Anzeige in der örtlichen Tageszeitung
② Hinweis auf Ihrer Firmenhomepage
③ Mitarbeiter laufen mit Reklameschildern morgens durch die Innenstadt/Ort/Fußgängerzone.
④ Sie rufen einige Freunde und Bekannte an.
⑤ Sie informieren Ihre Kunden mit geeigneten Werbezetteln.

5. Die Aktionswoche startet in wenigen Tagen. Folgende Vorbereitungsarbeiten sind zu absolvieren. Welche der nachfolgenden zwei Aussagen treffen nicht zu?

① Das Ladengeschäft muss dem Motto entsprechend dekoriert werden.
② Die Rezepte und die geplanten Rohstoffe müssen zur Verfügung stehen.
③ Die Mitarbeiter sind für die neuen Produktinformationen zu schulen.
④ Die Personalplanung wird besprochen.
⑤ Das Gesundheitsamt muss über die bevorstehende Aktionswoche unterrichtet werden.
⑥ Neues Verkaufspersonal muss eingestellt werden.

6. Sie möchten überprüfen, ob die Aktionswoche erfolgreich war. Bestimmen Sie zwei Faktoren, die darüber Aufschluss geben können.

Sie erkennen den Erfolg einer Aktionswoche ...

① an der Zahl der Kunden, die das Ladengeschäft betreten haben.
② am Umsatz, der in dieser Woche gemacht wurde.
③ an der verarbeiteten Menge an Rohstoffen.
④ an der Anzahl der Überstunden.
⑤ an der Anzahl der neu eingestellten Mitarbeiter.
⑥ an der Rückmeldung der Kunden.

7. Bestimmen Sie den Wert einer Aktionswoche, indem Sie die folgenden Aussagen einiger Mitarbeiter prüfen.

Welchen zwei Aussagen stimmen Sie zu?

1. Aktionswochen bringen nichts, sie machen nur mehr Arbeit. ○
2. Aktionswochen machen nur zur Erdbeerzeit Sinn, weil die Kunden solange darauf warten mussten. ○
3. Aktionswochen sind wichtig, weil man damit im Gespräch bleibt. ○
4. Aktionswochen zeigen dem Kunden, dass man engagiert ist und sich um den Kunden bemüht. ○
5. Aktionswochen bringen nur dem Chef etwas, denn der verdient das Geld. ○
6. Aktionswochen stellen nur eine zusätzliche Belastung dar und bringen nichts. ○

Das sollten Sie nach der Bearbeitung des 14. Lernfeldes wissen:

1. Sie entwickeln ein Marketingkonzept zur erfolgreichen Durchführung einer Aktionswoche unter dem Aspekt „Erlebniskauf“ in der Konditorei.
2. Sie wählen, ausgehend vom betrieblichen Hintergrund, geeignete Produkte aus und präsentieren diese verkaufsfördernd.
3. Sie prüfen, ob die Aktionswoche ein Erfolg war, und setzen zur Ermittlung spezifische Analyseinstrumente ein.

Platz für eigene Notizen

Lösungen Kapitel 4 Lernfeld 1

1 ③
2 ①
3 ③
4 ⑤
5 ②
6 ⑤
7 ③
8 ③, ⑥, ④, ①, ⑦, ②, ⑤
9 ①
10 –18 Grad
11 ②
12 ⑤
13 ③
14 ①, ④, ⑥
15 Gefahrenanalyse kritischer Kontrollpunkte
16 (1b), (2a), (3c), (4e), (5d), (6f)
17 ①, ⑤, ⑧
19 ④
20 ②
21 (4a), (1b), (3c), (2d)
23 ③
24 ③
25 ⑤
26 ②
27 ⑤
28 ⑤
30 ②
31 ④
32 262144 Keime
33 ⑤, ③
34 ②
35 ④, ⑤
36 ④, ⑤, ⑪, ⑫
37 ⑤
38 (1e), (2a), (3c), (4d), (5b)
39 ③
40 ③
41 ①
42 ①, ②, ④, ⑦

43	①
44	③

Lösungen Kapitel 4 Lernfeld 2

12	②, ④
13	⑤
14	①
15	⑤
16	(1b), (2e), (3c), (4d), (5a)
17	③
18	①, ⑥
19	②
20	①, ②
21	④
22	(1b), (2a), (3c)
23	④
24	④
25	①, ②
26	(1b), (2c), (3a)
27	①
28	(1a), (2c), (3b)
29	①, ②
30	①
31	②
32	③
33	②
34	①
35	④
36	①
37	(1c), (2a), (3d), (4b)
38	④, ⑥
39	(1f), (1g), (1h) (2a), (2b), (2c), (2d), (2e)
40	①
41	④, ⑧, ⑨
42	(1a), (2b)
43	(1a), (2b), (3c), (4d), (5e), (6f)
44	③
45	④

46	1b, 2a
47	2
48	1
49	5
50	2
51	1, 2
52	1, 2, 3
53	5, 6
54	1
55	1b, 2c, 3a, 4e, 5d
56	1a, 2d, 3e, 4b, 5c
57	3
58	1
59	1b, 1, 1, 1
60	1c, 2b, 3b, 4a
61	5
62	1, 2
63	1
64	3
65	2
66	1, 6
67	3
68	1
69	4

Lösungen Kapitel 4 Lernfeld 3

7	1, 5
8	1, 2
9	1
10	1, 4
11	4
12	3, 4
13	2, 5
14	5
15	1, 4
16	2
17	1, 3, 4
18	1, 2, 3
19	1, 3

20 ⑤, ⑥
21 ③
22 ②
23 ④
24 ③
25 (1c), (2i), (3d), (4e), (5f), (6g), (7h), (8a), (9b)
26 ③, ⑦, ⑧
27 ①
28 ①
29 ①, ②, ③
30 (1b), (2e), (3c), (4d), (5a)
31 ⑤
32 ④
33 ③
34 ⑥
35 ⑤
36 (1a), (2b), (3d), (4c), (5e), (6f)

Lösungen Kapitel 4 Lernfeld 4

1 ①, ④
2 ④
3 ⑤
4 ①
5 ③
6 ②
7 ③, ④
8 ④
9 ⑤, ⑥
10 ①, ④
11a ①, ②
11b ①, ⑤
11c ①, ⑤
11d ①, ⑥
11e ①, ②
12 ①
13 (1d), (1e), (2f), (3a), (3b), (3c), (4g), (4h)
14 ①
15 ⑤, ⑥
16 ②

17	②, ④, ③, ⑤, ①
18	①
19	①, ④
20	⑤
21	(1a), (1b), (2e), (3d), (1f), (2g), (2h)
22	②
23	①
24	③
25	④
26	③
27	⑤
28	②
29	④
30	①
31	⑤
32	①, ③
33	①, ⑤
34	②
35	①
36	④
37	⑤
38	④, ⑤
39	③
40	④
41	③
42	②
43	①
44	③
45	④
46	①
47	⑤
48	(1d), (2b), (2c), (3a), (3e), (3f)
49	①
50	④
51	(1b), (2c), (3d), (4e), (5a)
52	④
53	②
54	(1a), (2b), (2c), (3d), (3e), (3f)
55	①
55a	④
55b	②

56 ③
56a ①
56b ④
56c ②
56d ①, ⑥
57 (1h), (1b), (1c), (1d), (2e), (2f), (3g), (3a)
58 ③
59 ④

Lösungen Kapitel 4 Lernfeld 5

1 ③
2 ②
3 ②
4 ⑤, ⑥, ①, ⑧, ⑩
5 ②, ③, ⑧
6 ①
7 ③, ④
8 ③, ⑥
9 ⑥, ④, ⑦, ①, ③, ⑧, ②
10 ⑤
11 ①, ②, ③
12 ①, ⑤, ⑨
13 ①, ②, ③, ⑩
14 ①
15 ④
16 ④
17 ④
18 ①, ⑥
19 (1b), (2c), (3a)
20 ③, ①, ②, ⑤, ④, ⑥
21 ②
22 ④
23 ③
24 ④
25 ⑤, ⑥, ①, ③, ④, ⑦, ⑧, ②
26 (1d), (2e), (3a), (4b), (5c)
27 ①
28 ①

29	(4)
30	(4)
31	(1)
32	(4), (5)
33	(4), (5), (1), (2), (3), (6)
34	(5)
35	(3)
36	(3)
37	(4), (5), (6), (1), (2), (3), (7)
38	(1), (2)
39	(2)
40	(5)
41	(1c), (2d), (3a), (4b), (5e)
42	(2)
43	(1), (4)
44	(3)
45	(2)
46	(4)
47	(2), (4)
48	(1), (5)
49	(1a), (1b), (1f), (1g), (2c), (2d), (2e), (2h)
50	(1)
51	(3), (7), (8)
52	(2), (4), (5), (6), (7), (8), (1)
53	(1b), (2c), (3a), (4d)
54	(1)
55	(1a), (2d), (3f), (4i), (5j), (6h), (7e), (8k), (9b), (10g), (11c)
56	(1), (6), (7)
57	(4), (5)
58	(1c), (2a), (3b), (4f), (5e), (6d)
59	(1d), (2a), (3b), (4c), (5e), (6f)
60	(3)
61	(4)
62	(1d), (2b), (3a), (4c)
63	(1), (3), (7), (8)
64	(1), (4)
65	(1a), (2b), (1c), (1d), (2e), (2f)
66	(2), (6), (7)
67	(1c), (2b), (3a), (4d)

Lösungen Kapitel 4 Lernfeld 6

1	(4)
2	(1), (5)
3	(5)
4	(2)
5	(4)
6	(5)
7	(2)
8	(5), (6), (1), (2), (4), (7), (8), (3)
9	(2)
10	(3)
11	(3)
12	(1c), (1d), (1e), (2a), (2b), (2f)
13	(3), (4)
14	(1)
15	(2)
16	(1a), (2b), (3c)
17	(3)
18	(4)
19	(2), (1), (7), (4), (5), (6), (3)
20	(2)
21	(1b), (2d), (3a), (4c)
22	(4)
23	(5)
24	(4)
25	(3)
26	(2)

Lösungen Kapitel 4 Lernfeld 7

1	(1f), (2d), (3e), (4a), (5b), (6c)
2	(5), (6), (7), (8), (3), (4), (1), (2)
3	(1), (6)
4	(1)
5	(3)
6	(1), (5), (6), (7), (3), (4), (2)
7	(5)
8	(3), (4)
9	(4)

10 ①, ②, ③
11 ④
11a Deutsche Buttercreme
12 (1c), (1e), (2d), (2a), (3b), (3f)
13 ①

Lösungen Kapitel 4 Lernfeld 8

1 ②
2 ①
3 ⑤
4 ②
5 ①, ②, ④
6 ①, ②, ⑥

Lösungen Kapitel 4 Lernfeld 9

1 (1f), (2e), (3d), (4c), (5b), (6a)
2 (1b), (2a), (3c), (4e), (5d)
3 ④
4 ④
5 ②
6 ③
7 ②
8 ⑤
9 ④
10 ①
11 ④
12 ③, ⑥, ⑦, ④, ⑤, ⑧, ①, ②
13 ③

Lösungen Kapitel 4 Lernfeld 10

1 ①
2 ①
3 ③
4 ⑤
5 ①, ④
6 ③

7 ①, ⑤
8 ③
9 ③
10 ②
11 (1a), (2d), (3e), (4b), (5c)
12 ①
13 ②, ③
14 (1c), (2b), (3a), (4d), (5e), (6f)
15 ①, ⑤
16 ②
17 ④, ⑤
18 ③
19 ②, ④, ⑧, ①, ⑥, ⑤, ③, ⑦
20 ⑤
21 ③
22 ⑤
23 ③
24 ①
25 ①, ④, ⑧

Lösungen Kapitel 4 Lernfeld 11

1 ②, ③, ⑤, ⑥
2 ④
3 ①
4 ③
5 ④
6 ②
7 ①
8 ①
9 ⑤, ②, ⑨
10 ⑤
11 ②
12 ⑤
13 (1a), (2d), (3e), (4b), (5c)
14 ③
15 ⑤
16 ②
17 ④
18 ②

5 Prüfungsaufgaben

Nachfolgend finden Sie eine vollständige und in der Praxis durchgeführte Zwischen- und Abschlussprüfung der Konditoren. Sie sollten sich für die Bearbeitung der Aufgaben die entsprechende Zeit nehmen. Natürlich können Sie diese Aufgaben auch einfach überfliegen. Es ist jedoch sinnvoller, sich der Herausforderung zu stellen und diese tatsächlich durchzuarbeiten. Sie merken schnell, wie sicher Sie in der Bearbeitung der einzelnen Fragestellungen sind und – wie viel Zeit sie für die schriftliche Bearbeitung benötigen. In der Prüfungssituation laufen die „Uhren häufig schneller". Wenn Sie wissen, welcher Prüfungstyp Sie sind, können Sie dieses Wissen nutzen.

Erarbeitungshinweise:

Die Aufgaben sind in einer Handlungssituation aufgebaut. Sie finden dabei eine Situation vor, die den aktuellen betrieblichen Hintergrund für Ihre Überlegungen darstellen soll. In unserem ersten Beispiel ist dies die Vorbereitung für den Mittagstisch. Die Aufgabenstellungen folgen den jeweils genannten Aufgabensituationen.

Fangen Sie mit der ersten Aufgabe an und arbeiten Sie sich durch den 1. Prüfungsteil. Sollten Sie bei einer Aufgabe nicht weiterkommen, grübeln Sie nicht lange an der Aufgabe herum. Lösen Sie zunächst die Aufgaben, bei denen Sie sich sicherer fühlen. So verlieren Sie keine unnötige Zeit.

Im zweiten Schritt lösen Sie die Aufgaben, die mehr Zeit in Anspruch nehmen. Häufig sind das die Mathematikaufgaben. Hier gilt es, die Rechenwege genau zu dokumentieren. Im dritten Schritt nehmen Sie sich die Aufgaben vor, deren Bearbeitung Ihnen schwerer fällt.

Zum Schluss planen Sie noch ausreichend Zeit ein, um die bearbeiteten Aufgaben noch einmal zu überprüfen. Haben Sie tatsächlich alle Aufgaben gelöst und keine vergessen? Haben Sie eine Seite überschlagen, ohne es zu bemerken? Haben Sie tatsächlich alle Fragen im Multiple-Choice-Bogen angekreuzt?

Bitte bearbeiten Sie zunächst die einzelnen Prüfungsteile. Nach jeder Prüfung finden Sie eine Musterlösung.

5.1 Zwischenprüfung

Zeit: 90 Minuten
Punkte: 100

Warenwirtschaft, Produktionstechnik, Hygiene und Betriebswirtschaftliches Handeln

Situation

Sie sind Auszubildender/Auszubildende in einer Konditorei mit einem Café.
Sie bereiten kleine Speisen für den Mittagstisch vor. Ein Praktikant unterstützt Sie in den Monaten Februar und März. Ferner haben Sie an jedem Wochenende einen Tag der „offenen Backstube" für alle Cafégäste eingeführt.

Sie arbeiten in der „Kleinen Küche“

1. Aufgabe (5 Punkte)

Sie stellen fünf wechselnde Tagesgerichte für die Speisenkarte zusammen.
Nennen Sie fünf geeignete Speisen, die Sie für den Mittagstisch auswählen.

① ______

② ______

③ ______

④ ______

⑤ ______

2. Aufgabe (2 Punkte)

Einige Gäste wünschen sich ein leichtes fettarmes Gericht zur Mittagszeit.
Wählen Sie zwei geeignete Gerichte aus und begründen Sie Ihre Auswahl.

Gericht 1 ______

Gericht 2 ______

Begründung zu 1 ______

______

Begründung zu 2 ______

______

3. Aufgabe (2 Punkte)

Sie verarbeiten in der „Kleinen Küche“ auch Convenience-Produkte.
Nennen Sie vier mögliche Vorteile für den Einsatz von Fertigprodukten in der Konditorei.

① ______

② ______

③ ______

④ ______

4. Aufgabe

(2 Punkte)

Nennen Sie vier mögliche Nachteile für den Einsatz von Fertigprodukten in der Konditorei.

① ______________________________

② ______________________________

③ ______________________________

④ ______________________________

5. Aufgabe

(2 Punkte)

Bei der Herstellung der Salatteller für den Mittagstisch beträgt der Putzverlust erfahrungsgemäß 18 %. Bei der Vorbereitung fallen 2,600 kg Salatabfall an.

Berechnen Sie, wie viel kg Salat insgesamt vorbereitet wurde.

Verfassen Sie einen Antwortsatz!

Antwortsatz: ______________________________

Sie arbeiten in der Backstube.

6. Aufgabe

(2 Punkte)

Ihr Praktikant wundert sich, dass das Blätterteiggebäck stark blättrig nach oben treibt. Erklären Sie Ihrem Praktikanten genau, warum dies so ist.

____

____

____

____

7. Aufgabe

(4 Punkte)

Dabei erklären Sie Ihrem Praktikanten auch, mit welchen zwei Lockerungsmitteln und mit welchen zwei Lockerungsarten der Plunderteig gelockert wird.

Lockerungsmittel: ____________________

① ____________________

② ____________________

Lockerungsart: ____________________

① ____________________

② ____________________

8. Aufgabe

(5 Punkte)

Sie stellen verschiedene Gebäckstücke aus Plunderteig, Blätterteig und Hefeteig her.

Wählen Sie ein Gebäckstück aus den drei genannten Teigen aus und beschreiben Sie detailliert die Herstellung.

Ausgewähltes Gebäckstück: ____________________

Zutaten (Rezeptur, ohne Gewichtsangabe): ____________________

____

Herstellung: ____________________

____

9. Aufgabe

(2 Punkte)

Für die Herstellung des Blätterteiges stehen Ihnen unterschiedliche Mehlsorten zur Verfügung.

Wählen Sie die geeignete Mehlsorte aus und begründen Sie Ihre Wahl.

____

____

10. Aufgabe

(5 Punkte)

Anhand der folgenden Abbildung erklären Sie Ihrem Praktikanten den Aufbau und die Zusammensetzung des Getreidekorns.

Vervollständigen Sie die vorliegende Zeichnung.

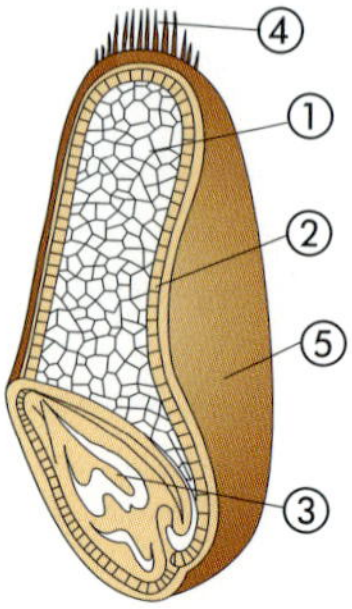

① Mehlkörper

② Randschichten

③ Keimling

④ ...

⑤ ...

11. Aufgabe

(8 Punkte)

Während Sie die Blätterteiggebäcke herstellen, erklären Sie Ihren Gästen in der Backstube, welche Fehler man bei der Herstellung vermeiden sollte.

Nennen Sie vier Fehler und deren Ursachen bei der Herstellung von Blätterteiggebäcken.

Fehler: ______________________________

Ursachen: ______________________________

12. Aufgabe

(2 Punkte)

Ein Besucher der Backstube fragt Sie, ob Blätterteig gut verdaulich sei. Informieren Sie den Kunden fachgerecht und benennen Sie außerdem ergänzende Verkaufsargumente.

____

13. Aufgabe

(2 Punkte)

Laut Rezept verwenden Sie für den Blechkuchen ein Weizenmehl mit der Type 550. Erläutern Sie, was man unter dieser Bezeichnung versteht.

____

Warenwirtschaft

Punkte: 36

Situation
Sie sind Auszubildender/Auszubildende in einer Konditorei mit einem Café (20 Sitzplätze). Darüber hinaus bieten Sie täglich wechselnde Gerichte für die Mittagskarte an. Im Augenblick bereiten Sie den Aktionstag vor.

1. Aufgabe

Die Einhaltung der Hygienevorschriften ist für alle lebensmittelverabeitenden Betriebe von großer Bedeutung. Dabei unterscheidet man drei Bereiche voneinander.

*Kreuzen Sie **die drei zutreffenden** Lösungen an.*

◯ Produkthygiene
◯ Lieferantenhygiene
◯ Arbeitsgerätehygiene
◯ Abfallhygiene
◯ Personalhygiene
◯ Transporthygiene
◯ Verkaufshygiene
◯ Betriebshygiene
◯ Kundenhygiene

2. Aufgabe

Kreuzen Sie die zutreffende Lösung an.

Will man feststellen, wie es um die mikrobiologische Sauberkeit in der Backstube steht, ...

◯ wird eine Speichelprobe der Mitarbeiter genommen.
◯ werden die Fingernägel einer Sichtkontrolle unterzogen.
◯ wird eine Abklatschprobe der Backstubenmitarbeiter genommen.
◯ wird die Personalhygiene stichprobenartig untersucht.
◯ wird eine Nährlösung im Froster eingefroren und nach drei Tagen untersucht.

3. Aufgabe

Ihr HACCP-Konzept im Betrieb sieht eine Hygieneschulung vor.

Kreuzen Sie die zutreffende Lösung an.

Diese Schulung …

- ◯ kann einmal im Jahr erfolgen.
- ◯ muss einmal im Jahr erfolgen.
- ◯ muss nur bei der Einstellung eines neuen Mitarbeiters erfolgen.
- ◯ wird als Schulungstermin vom Gesundheitsamt festgelegt.
- ◯ ist freiwillig.

4. Aufgabe

Während der Warenannahme stellen Sie fest, dass Teile der Walnusslieferung schimmelig geworden sind.

Kreuzen Sie die zutreffende Lösung an.

Sie …

- ◯ sortieren die schimmeligen Nüsse aus.
- ◯ verlangen vom Lieferanten eine Preisminderung.
- ◯ reinigen die Nüsse und verarbeiten sie sofort.
- ◯ lehnen die Annahme der Ware ab.
- ◯ frieren die Nüsse ein, um die Mikroorganismen abzutöten.

5. Aufgabe

Damit unnötige Arbeitsbelastungen für die Mitarbeiter in der Backstube vermieden werden können, berücksichtigt man die Erkenntnisse der Ergonomie.

Kreuzen Sie die zutreffende Lösung an.

Darunter versteht man …

- ◯ die Anpassung des Menschen an die Arbeitsbedingungen.
- ◯ die Einrichtung des Arbeitsplatzes nach den Wünschen der Mitarbeiter.
- ◯ die Anpassung der Arbeitsbedingungen an den Menschen.
- ◯ die Gestaltung der Backstube nach den Erkenntnissen der Farbenlehre.
- ◯ die Aufteilung der Arbeitsräume und Laufwege von Rein zu Unrein.

6. Aufgabe

Sie kommen in die Backstube und stellen fest, dass sich die Fritteuse entzündet hat. Wie verhalten Sie sich?

*Kreuzen Sie die **zwei** zutreffenden Lösungen an.*

- ◯ Sie löschen die Fritteuse mithilfe eines großen Wassereimers.
- ◯ Sie unterbrechen die Stromzufuhr für die Backstube, indem Sie den Hauptschalter auf null stellen.
- ◯ Sie laufen zur Mehlkammer und schütten eine Schaufel Mehl in die Friteuse.
- ◯ Sie rufen die Feuerwehr.
- ◯ Sie schließen die Fritteuse mit einem Deckel ab.
- ◯ Sie warnen die anderen Mitarbeiter und verlassen die Backstube.

7. Aufgabe

Kreuzen Sie die zutreffende Lösung an.

Sollte der Brand nicht zu kontrollieren oder zu löschen sein, gilt bei der Brandbekämpfung der folgende Grundsatz:

- ◯ Sich schützen – andere schützen – Geräte und Maschinen schützen
- ◯ Gebäude sichern – Menschen schützen – Verletzten helfen
- ◯ Hilfe holen – Hilfe leisten – Rettungswege frei halten
- ◯ Brand beobachten – Brand eindämmen – Brand bekämpfen
- ◯ Alarmieren – Retten

8. Aufgabe

*Kreuzen Sie die **drei** zutreffenden Merkmale an.*

Hefefeinteige lassen sich je nach Mengenzugabe einzelner Zutaten unterscheiden in ...

- ◯ Mittelschwere Hefeteige
- ◯ Ganz schwere Hefeteige
- ◯ Doppelt schwere Hefeteige
- ◯ Einfache Fetthefeteige
- ◯ Leichte Hefeteige
- ◯ Doppelte Fetthefeteige
- ◯ Ultraleichte Feinhefeteige
- ◯ Federleichte Milchhefeteige
- ◯ Schwere Hefeteige

9. Aufgabe

Ihre Praktikantin möchte wissen, woran man frische Eier erkennen kann. Sie erklären Ihr die „Schwimmprobe", bei der man ein rohes Ei in ein mit Salzwasser gefülltes Glas legt, um den Frischezustand zu erkennen.

Kreuzen Sie die zutreffende Erklärung für die Frischeprobe an.

- ◯ Das frische Ei schwimmt langsam nach oben.
- ◯ Das frische Ei bleibt am Boden liegen.
- ◯ Das frische Ei steigt schnell nach oben.
- ◯ Das frische Ei sinkt nicht, es bleibt aufgerichtet an der Wasseroberfläche.
- ◯ Das frische Ei bleibt mittig im Glas.

10. Aufgabe

Für den Aktionstag bereiten Sie den Butterkuchen vor. Bei dem Durchblättern Ihrer Rezeptmappe fallen Ihnen zwei Rezepte in die Hand. Leider sind die Rezeptüberschriften nicht erkennbar. Wählen Sie das infrage kommende Rezept für den Butterkuchen aus.

Rezept 1

500g	Zucker
1000 g	Butter
1500 g	Weizenmehl
150 g	Vollei
60 g	Eigelb
7,5 g	Salz
	Zitrone, Vanille,

Rezept 2

1000 g	Weizenmehl
400 g	Milch
60 g	Hefe
120 g	Zucker
150 g	Butter
100 g	Vollei
10 g	Salz
5 g + 5 g	Zitrone, Vanille
150 g	Rosinen

Antwort: ____

11. Aufgabe

Da ein Blech Butterkuchen nicht ausreicht, erläutern Sie Ihrer Praktikantin, wie sich Rezepturen mithilfe der Schlüsselzahl berechnen lassen.

Welche der folgenden Rechnungsanweisungen zur Berechnung der Schlüsselzahl ist zutreffend?

Kreuzen Sie die zutreffende Lösung an.

Die Schlüsselzahl ergibt sich aus:

- ◯ Benötigtem Rezepturgewicht durch gegebenes Rezepturgewicht
- ◯ Geplantem Teiggewicht mal berechnetem Rezeptgewicht
- ◯ Backgewicht mal Rezeptgewicht, geteilt durch das Grundrezept
- ◯ Backverlust des Rezeptgewichtes, geteilt durch das Rezepturgewicht
- ◯ Grundrezeptur und dem Backverlust in % mal Teiggewicht

12. Aufgabe

Sie teilen Heike mit, dass Sie für den Butterkuchen 18,5 kg Teig benötigen. Berechnen Sie die entsprechende Schlüsselzahl aus den in Aufgabe 10 genannten Rezepten, indem Sie das passende Rezept zur Berechnung auswählen.

Die Schlüsselzahl lautet: ______________________________

13. Aufgabe

Die Praktikantin wundert sich, dass nicht viel mehr Zucker für den Butterkuchenteig verwendet wird. Sie erklären, dass der Anteil des Zuckers Einfluss auf das Gärverhalten hat. Welche der nachfolgenden Aussagen ist zutreffend?

*Kreuzen Sie die **zwei** zutreffenden Antworten an.*

Berechnet man vom Mehlanteil...

- ◯ bis zu 2 % Zucker, ist dies gärfördernd.
- ◯ bis zu 10 % Zucker, ergibt sich eine langsamere Gärtätigkeit.
- ◯ ab 20 % Zucker, ergibt sich eine optimale Gärtätigkeit.
- ◯ ab 50 % Zucker, muss die Flüssigkeitsmenge erhöht werden.
- ◯ bis zu 75 % Zucker, muss die Gärtemperatur angepasst werden.
- ◯ bis zu 80 % Zucker, spricht man von einem Zuckerkuchen.

14. Aufgabe

Während Ihres Aktionstages bereiten Sie eine Erdbeerbowle vor. Sie verwenden dabei folgende Zutaten:

4 Flaschen zu je	0,7 l	Weißwein
2 Flaschen mit	0,75 l	Sekt

Wie viele Gläser können am Aktionstag ausgeschenkt werden, wenn Sie jeweils Gläser mit 0,15 l ausschenken?

Antwortsatz: ______________________________

15. Aufgabe

Sie sind mit der Vorbereitung für die Salatteller beschäftigt. Nennen Sie Ihrer Praktikantin Regeln, die bei der Herstellung und Zubereitung von Salaten besonders zu beachten sind.

Kreuzen Sie die zwei richtigen Regeln an.

- ◯ Salat muss ca. 1 Stunde gewässert werden.
- ◯ Salat sollte mit dem Messer kleingeschnitten werden.
- ◯ Salatblätter werden vom Gast mit Messer und Gabel verzehrt.
- ◯ Salatblätter werden gezupft und nicht geschnitten.
- ◯ Salat sollte in heißem Wasser gereinigt werden.
- ◯ Salat sollte im Teller hoch angerichtet werden.

16. Aufgabe

Der Konditorgeselle erhält eine Lohnerhöhung von 8 % und erhält danach einen Bruttolohn in Höhe von 1640 Euro. Wie hoch war der Bruttolohn vor der Lohnerhöhung?

Antwortsatz: ______________________________

17. Aufgabe

Sie brühen einen Kaffee auf. Kaffee wirkt anregend. Welcher Inhaltsstoff im Kaffee ist dafür verantwortlich?

Kreuzen Sie die zutreffende Antwort an.

- ◯ Theobromin
- ◯ Farin
- ◯ Koffein
- ◯ Energien
- ◯ Solanin

18. Aufgabe

Sie trinken grünen Tee. Ihre Praktikantin möchte von Ihnen wissen, worin der Unterschied zwischen einem grünen Tee und einem schwarzen Tee besteht.

Verfassen Sie einen Antwortsatz.

____

2. Prüfungsteil Zwischenprüfung

Punkte: 21

Betriebswirtschaftliches Handeln

Situation
Sie sind Auszubildender/Auszubildende in einer Konditorei mit einem Café (20 Sitzplätze). Anlässlich der bevorstehenden Osterzeit soll Ihre „offene Backstube" beworben werden.

1. Aufgabe (4 Punkte)

Ihre offene Backstube soll mit pfiffigen, aber auch preiswerten Ideen beworben werden. Nennen Sie mögliche Werbemittel, die Sie einsetzen werden (4 Nennungen).

____

____

____

____

2. Aufgabe

(2 Punkte)

Sie erhalten 46 kg Äpfel zum Preis von 28,50 Euro. Die Kiste wiegt 1800 g.

Ermitteln sie den Nettopreis für ein Kilogramm Äpfel.

Antwortsatz: ______________________________

3. Aufgabe

(2 Punkte)

Für die Herstellung Ihres Blätterteigs verwenden Sie folgendes Rezept:

8000 g	Weizenmehl
4000 g	Wasser
160 g	Salz
640 g	Butter
320 g	Eigelb
400 g	Zucker
80 g	Fruchtsäure
8000 g	Butter

Der Backverlust des Blätterteiggebäckes beträgt 14 %. Ein Blätterteiggebäck wiegt ausgebacken 42 g. Wie viele Gebäckstücke erhalten Sie?

Antwortsatz: ______________________________

4. Aufgabe

(2 Punkte)

Während eines Aktionstages bieten Sie ein Stück Sachertorte für 1,95 Euro an. Vor dem Aktionstag kostete das Stück 2,60 Euro. Um wie viel Prozent ist das Stück Sachertorte preiswerter geworden?

Antwortsatz: ______________________________

5. Aufgabe

(2 Punkte)

Vier Konditorinnen verarbeiten am Aktionstag in 3 Stunden 180 kg frische Äpfel für die Apfeltaschen. Wie viel kg Äpfel verarbeiten fünf Konditorinnen in 5 Stunden?

Antwortsatz: ______________________________

6. Aufgabe

(9 Punkte)

Während des Aktionstages stehen nicht nur Ihre Produkte im Vordergrund, sondern das Team der gesamten Backstube. Ihr Meister bittet Sie, die Auszubildenden auf die Bedeutung des Aktionstages hinzuweisen.

Erläutern Sie Ihren Auszubildenden, welche Erwartungen an das Team der Backstube gestellt werden.

Stellen Sie zu folgenden Punkten jeweils drei Regeln auf:

Verhalten der Mitarbeiterinnen und Mitarbeiter:

____

____

____

Erscheinungsbild:

____

____

____

Kleidung:

____

____

____

3. Prüfungsteil Zwischenprüfung

Entwerfen und Zeichnen von Konditoreierzeugnissen

Zeit:	30 Minuten
Punkte:	100

Aufgabe:

Entwerfen und zeichnen Sie

1. Zwei Schriftschilder „Zur Prüfung“
2. Zwei Schriftschilder „Zum Geburtstag“
3. Sechs Wiener Desserts (2 x 3)

Bearbeitungshinweise

Es dürfen keine vorgefertigten Skizzen oder Vorlagen genutzt werden.

Zeichenvorlage

5.2 Abschlussprüfung

1. Prüfungsteil Abschlussprüfung der Konditoren

Zeit: 45 Minuten
Punkte: 100

Warenwirtschaft, Hygiene und Produktionstechnik

Warenwirtschaft und Hygiene

Situation
Sie haben einen Praktikanten im Betrieb. Sie betreuen den Praktikanten Dieter während des Praktikums.

Zu Beginn Ihrer Betriebsbesichtigung unterhalten Sie sich mit Dieter über die Hygienebedingungen im Betrieb und weisen ihn auf die möglichen Schädlinge hin.

1. Aufgabe

Tierische Schädlinge stellen eine Gefährdung dar. Ordnen Sie die nachfolgenden Schädlinge ihren bevorzugten Aufenthaltsorten zu.

(1) Mäuse
(2) Schaben
(3) Silberfische
(4) Mehlkäfer

(a) Getreideabfälle
(b) Lager
(c) Warme, feuchte Orte
(d) Dunkle, warme und feuchte Orte

Antwort: ______________________________

2. Aufgabe

Sie frieren Sahnetorten ein. Sie weisen Ihren Auszubildenden darauf hin, dass die exakte Lagertemperatur eingehalten werden muss.

Welche der nachfolgend genannten Temperaturwerte bestimmt die korrekte Lagertemperatur?
Kreuzen Sie das Kästchen vor der zutreffenden Aussage an.

- ◯ Die Tiefkühltemperatur muss mindestens –18 Grad Celsius betragen.
- ◯ Die Tiefkühltemperatur muss mindestens –6 Grad Celsius betragen.
- ◯ Die Tiefkühltemperatur muss mindestens –40 Grad Celsius betragen.
- ◯ Die Tiefkühltemperatur muss mindestens –32 Grad Celsius betragen.
- ◯ Die Tiefkühltemperatur muss mindestens +2 Grad Celsius betragen.

3. Aufgabe

In diesem Zusammenhang weisen Sie auf die Bedeutung des HACCP-Konzeptes für lebensmittelverarbeitende Betriebe hin.

Kreuzen Sie das Kästchen vor der zutreffenden Aussage an.

Das HACCP-Konzept

- ◯ wird nur in Betrieben umgesetzt, die regelmäßig Lebensmittel verarbeiten.
- ◯ kann wahlweise von den Betrieben eingeführt werden.
- ◯ muss in allen Verkaufsräumen und im Schaufenster sichtbar ausgehängt werden.
- ◯ muss auf Verlangen dem Kunden in kopierter Form ausgehändigt werden.
- ◯ schützt die Gesundheit der Verbraucher.

4. Aufgabe

Sie machen zusammen eine kurze Frühstückspause. Dieter möchte eine Tasse Tee trinken. Sie erklären Dieter die unterschiedlichen Auswirkungen des Teegenusses.

Kreuzen Sie die Ziffer vor der zutreffenden Aussage an.

Tee, der …

- ◯ länger zieht, entfaltet eine anregende Wirkung.
- ◯ kürzer zieht, entfaltet eine anregende Wirkung.
- ◯ fermentiert ist, macht müde.
- ◯ grün ist, schränkt die Aufmerksamkeit ein.
- ◯ nicht fermentiert ist, erhöht die Körpertemperatur.

5. Aufgabe

Als Sie sich noch etwas H-Milch in den Kaffee gießen, fragt sie Dieter, was denn darunter zu verstehen sei.

Kreuzen Sie die Ziffer vor der zutreffenden Erklärung an.

- ◯ H-Milch wird ausschließlich kondensiert.
- ◯ H-Milch ist Rohmilch ohne Rahm.
- ◯ H-Milch wird pasteurisiert.
- ◯ H-Milch wird nur wenige Sekunden auf ca. 150 Grad erhitzt.
- ◯ H-Milch wird homogenisiert und dann entkristallisiert.

Situation
Sie arbeiten mit Dieter aushilfsweise auf dem Hefeteigposten.

6. Aufgabe

Hefeteige lassen sich nach folgenden Merkmalen unterscheiden.

Kreuzen Sie die zwei zutreffenden Lösungen an.

- ◯ Rezept
- ◯ Backzeit
- ◯ Jahreszeit
- ◯ Herstellungsart
- ◯ Knetzeit
- ◯ Verwendete Mehltype

7. Aufgabe

Hefeteige lassen sich darüber hinaus auch nach folgenden Merkmalen unterscheiden. Dabei unterscheidet man sie in...

Kreuzen Sie die zutreffende Lösung an.

- ◯ Süße, mittelsüße und sehr süße Hefeteige
- ◯ Milde, aromatische und herzhafte Hefeteige
- ◯ Leichte, schwere und süße Hefeteige
- ◯ Leichte, mittelschwere und schwere Hefeteige
- ◯ Feine, grobe und voluminöse Hefeteige

8. Aufgabe

Welche der nachfolgend genannten Herstellungsweisen von Hefeteigen zählt nicht dazu?

Kreuzen Sie die zutreffende Antwort an.

Hefeteige werden nicht ...

- ◯ gerührt
- ◯ geknetet
- ◯ geschlagen
- ◯ gezogen
- ◯ gebunden

9. Aufgabe

Dieter möchte von Ihnen wissen, welche Zutaten für die Herstellung einer Röstmasse benötigt werden. Bestimmen Sie die passende Zutatenliste.

Kreuzen Sie die zutreffende Lösung an.

◯ Honig oder Milch, Fett, Fondant, Salz und Eier
◯ Milch, Hefe, Mandeln, Mehl, Salz und Eier
◯ Wasser, Sirup, Mehl, Zucker und Eier
◯ Honig, Zucker, Glukose, Butter, Sahne
◯ Sahne, Butter, Mehl, Salz, Zucker und Eier

10. Aufgabe

An einem Beispiel erläutern Sie Dieter, wie sich Rezepturen mithilfe der Schlüsselzahl berechnen lassen.

Ihr Rezept hat eine Rezepturmenge von 2,500 kg. Sie benötigen allerdings 56,000 kg Rezepturgewicht.

Ermitteln Sie die Schlüsselzahl.

Verfassen Sie einen Antwortsatz.

Die Schlüsselzahl lautet: ______________________________

11. Aufgabe

Während Sie einen weiteren Hefeteig zubereiten, erläutern Sie Dieter, wie sich die Fettzugabe auf die Teig- und Gebäckbeschaffenheit auswirken kann.

Welche der folgenden zwei Aussagen sind zutreffend?

Kreuzen Sie die zwei zutreffenden Lösungen an.

Fette ...

◯ erhöhen die elastischen Fähigkeiten des Klebers.
◯ verringern den Lockerungseffekt.
◯ isolieren die einzelnen Teigschichten im Hefeteig.
◯ verbessern die Frischhaltung.
◯ mit einem hohen Schmelzpunkt fördern die Verdaulichkeit des Hefeteiggebäckes.
◯ mit einer hohen Emulgierbarkeit stärken die Krustenbräunung des Gebäckstückes.

12. Aufgabe

Ein Baumkuchen ist für den Ladenverkauf vorgesehen.

Die Materialkosten für einen Baumkuchen betragen 4,80 Euro. Berechnen Sie den Ladenverkaufspreis, wenn Sie mit einem Gesamtaufschlag von 680 % kalkulieren.

Der Ladenverkaufspreis beträgt: ______________________________

13. Aufgabe

Dieter möchte von Ihnen wissen, was ein Geselle verdient. Dazu stellen Sie Dieter folgende Aufgabe:

Ein Konditormeister erhält eine Lohnerhöhung von 8,5 % und bekommt danach einen Bruttolohn von 2821,00 Euro. Wie hoch war der Bruttolohn vor der Erhöhung?

Dieter ist unschlüssig und schlägt Ihnen mehrere Ergebnisse vor:

Kreuzen Sie die zutreffende Lösung an.

Der Bruttolohn betrug vor der Erhöhung:

- ◯ 2600,00 €
- ◯ 2581,21 €
- ◯ 2750,00 €
- ◯ 2900,56 €
- ◯ 2480,00 €

14. Aufgabe

Sie bitten Dieter, die Weißweine und Rotweine zu sortieren. Dieter fragt sie, ob es einen Unterschied in der Herstellung von Weißwein und Rotwein gebe.

Sie erklären Dieter den Unterschied.

Kreuzen Sie die zwei zutreffenden Lösungen an.

Der Unterschied zwischen Rotwein und Weißwein besteht darin, dass ...

- ◯ Rotwein nicht gärt, sondern fermentiert wird.
- ◯ bei Weißwein nur der Most vergoren wird.
- ◯ bei Rotwein nur der Most vergoren wird.
- ◯ bei Rotwein zunächst die Maische vergoren wird.
- ◯ bei Weißwein keine Gärung stattfindet.
- ◯ bei Weißwein nur die Maische vergoren wird.

15. Aufgabe

Dieter wundert sich über die unterschiedlichen Preise auf der Getränkekarte. Insbesondere gilt dies für den Champagner. Sie erklären Dieter, was den Champagner im Vergleich zu anderen Schaumweinen auszeichnet.

Welche der folgenden Aussagen sind nicht zutreffend?

Kreuzen Sie die ***zwei nicht zutreffenden*** *Lösungen an.*

Champagner ...

- ◯ darf auch in Deutschland hergestellt werden, wenn er mit der Flaschengär-Methode erzeugt wird.
- ◯ stammt nur aus der Champagne.
- ◯ wird ausschließlich nach der Flaschengär-Methode erzeugt.
- ◯ wird in einem aufwendigen Verfahren „gerüttelt“, damit sich das Hefedepot absetzt.
- ◯ ist in unterschiedlichen Geschmacksrichtungen erhältlich.
- ◯ hat einen Mindestalkoholgehalt von 18 %.

16. Aufgabe

Ihr Betrieb bezieht für das Bio-Backwarenangebot zusätzlich einige Rohstoffe. Insgesamt sind es im Monat 2400 kg. Sie verarbeiten die folgenden Mengenanteile.

$^{1}/_{4}$ Marzipan

$^{3}/_{10}$ Rosinen

$^{1}/_{5}$ Mandeln

$^{2}/_{20}$ Mohn

$^{1}/_{8}$ Trockenfrüchte

① Berechnen Sie das Gewicht der einzelnen verarbeiteten Rohstoffmengen.

② Bestimmen Sie das Gewicht der nicht verarbeiteten Rohstoffe.

Antwortsatz 1: ______________________________

Antwortsatz 2: ______________________________

17. Aufgabe

Dieter sieht im Lagerraum nicht verkaufte, ältere Osterhasen aus Kuvertüre, die grau geworden sind.

Sie erklären Dieter die Ursache.

Kreuzen Sie die zutreffende Lösung an.

◯ In die Überzugsmasse ist Wasser gekommen.

◯ Die Kuvertüre hatte einen zu hohen Kakaobutteranteil.

◯ Die Form hatte nach dem Reinigen noch Spülmittelreste.

◯ Beim Temperieren wurde zu viel Luft untergeschlagen.

◯ Kuvertüre wurde zu warm temperiert.

18. Aufgabe

Kreuzen Sie die zutreffende Erklärung an.

Dieter hilft Ihnen beim Abflämmen des „Königsberger“ Marzipankonfektes.

Dabei handelt es sich um …

◯ Persipan, das ausschließlich nur aus Pfirsichkernen hergestellt werden darf.

◯ Königsberger Marzipan, das nur in Königsberg hergestellt werden darf.

◯ Königsberger Marzipan, das überall hergestellt werden darf.

◯ Dekormarzipan, das nur nach den Richtlinien des Deutschen Konditorenbundes hergestellt werden darf.

◯ Marzipan, das mit Rosenlikör und Bittermandelöl abgeschmeckt werden muss.

19. Aufgabe

Sie finden die folgende Zahlenkombination auf der Verpackung von Kuvertüre. Dieter fragt Sie nach der Bedeutung.

Tragen Sie die Ziffer vor den drei zutreffenden Bedeutungen in den Lösungsbogen ein.

Zahlenkombination: 70/30/40

Die Zahlen geben Auskunft über...

- ◯ den Geschmack
- ◯ den Kakaoanteil
- ◯ den Zuckeranteil
- ◯ das Herkunftsland
- ◯ den Aromenanteil
- ◯ die Fließfähigkeit
- ◯ den Gerbstoffanteil
- ◯ die Kakaoplantage
- ◯ den Grad der Conchierung

20. Aufgabe

Auf Ihrer „Kleinen Karte“ werden auch Salate angeboten. Worauf ist bei der Zubereitung besonders zu achten?

Kreuzen Sie die zutreffende Arbeitsanweisung in dem Lösungsbogen an.

Blattsalate ...

- ◯ müssen kräftig gesalzen werden, damit sie nicht oxydieren.
- ◯ sollten im Teller möglichst flach angerichtet werden.
- ◯ müssen mit Messer und Gabel serviert werden.
- ◯ sollen mundgerecht serviert werden.
- ◯ sollten vor dem Servieren 30 bis 40 Minuten gewässert werden, damit der Schmutz entfernt wird.

21. Aufgabe

Als Heike die Gerichte der Speisenkarte liest, werden Sie gefragt, was unter einer Kraftbrühe zu verstehen sei.

Erklären Sie den Begriff.

Kreuzen Sie die Ziffer vor der zutreffenden Aussage an.

Bei einer Kraftbrühe handelt es sich um eine...

- ◯ Klare Gemüsesuppe
- ◯ Geklärte Fleischbrühe
- ◯ Minestrone ohne Gemüse
- ◯ Brühe mit der doppelten Füllmenge
- ◯ Brühe mit doppeltem Klärfleischanteil

22. Aufgabe

Zur Vorbereitung auf die Spargelzeit sollen Sie probeweise eine Sauce Hollandaise herstellen.

Kreuzen Sie die zutreffende Lösung an.

Bei der Sauce Hollandaise handelt es sich um eine …

- ○ geklärte Fischbuttersauce
- ○ Ableitung der Béchamelsauce
- ○ gebundene Geflügelcremesauce
- ○ aufgeschlagene Buttersauce
- ○ Sauce aus Fleischextrakt

Zeit:	60 Minuten
Punkte:	100

Warenwirtschaft, Hygiene und Produktionstechnik

Produktionstechnik

Situation
Sie bereiten das Backwarenangebot für die Aktionswoche im März vor.

1. Aufgabe (8 Punkte)

Wählen Sie aus dem Bereich Teige und Massen jeweils vier geeignete Backwaren aus, die Sie während Ihrer Aktionswoche anbieten.

Angebot aus dem Bereich Teige:

____

____

____

____

Angebot aus dem Bereich Massen:

____

____

____

____

2. Aufgabe

(2 + 8 Punkte)

Sie stellen ein verkaufsfertiges (keine Halbfertigprodukte) Produkt aus einer Masse her, die Sie unter Aufgabe 1 genannt haben. Beschreiben Sie detailliert die fachgerechte Herstellung dieses Produktes (kein Convenience-Produkt).

Zutaten (Rohstoffe) ohne Mengenangabe:

____

____

Herstellung:

____

____

____

____

3. Aufgabe

(6 Punkte)

Für das in Aufgabe 2 hergestellte Produkt fassen Sie die zentralen Verkaufsargumente zusammen. Nennen Sie mindestens drei Verkaufsargumente.

Verkaufsargumente:

① ______________________________

② ______________________________

③ ______________________________

4. Aufgabe

(6 Punkte)

Für einen Sektempfang zu Beginn des Aktionstages schenken Sie für jeden Kunden je 2 cl Sekt aus. Insgesamt bereiten Sie 90 Probiergläser vor. Wie viele Flaschen Sekt mit 0,7 l Inhalt sind bei einem Schankverlust von 3 % bereitzustellen?

Verfassen Sie einen Antwortsatz.

Antwortsatz: ______________________________

Situation
Sie bereiten die Sahnetorten vor. Dabei verzichten Sie auf den Einsatz von Convenience-Produkten. Ihr Praktikant Dieter hilft Ihnen dabei.

5. Aufgabe (8 Punkte)

Nennen Sie Dieter die notwendigen Arbeitsschritte zur Herstellung der Käse-Sahne-Torten in Stichworten.

Vorbereitung: ______________________

____

____

Herstellung: ______________________

____

____

____

6. Aufgabe (8 Punkte)

Eine Kundin reklamiert die Käse-Sahne-Torte und spricht von „gummiartigen" Fäden in der Sahnecreme.

Bestimmen Sie den Herstellungsfehler und die mögliche Ursache für diesen Fehler.

Fehler: ______________________

____

Ursache: ______________________

____

7. Aufgabe (6 Punkte)

Sie stellen eine Makronenmasse her. Welche Grundzutaten verwenden Sie?

Nennen Sie drei.

1. ______________________
2. ______________________
3. ______________________

Aromen: Salz, Zitrone ______________________

8. Aufgabe

(8 Punkte)

Für die Herstellung von Makronen gelten lebensmittelrechtliche Bestimmungen.
Nennen Sie zwei.

① ______________________________

② ______________________________

9. Aufgabe

(12 Punkte)

Sie sollen die Sachertorten aus dem Kühlhaus mit Kuvertüre überziehen. Nennen Sie in diesem Zusammenhang sechs Empfehlungen, die beim fachgerechten Temperieren von Kuvertüre zu beachten sind.

① ______________________________

② ______________________________

③ ______________________________

④ ______________________________

⑤ ______________________________

⑥ ______________________________

10. Aufgabe

(4 Punkte)

Für die acht Sachertorten hat Ihr Praktikant Kuvertüre mit der Bezeichnung 70/30/40 im Temperiergerät aufgelöst. Die Kakaobestandteile dieser Kuvertüre betragen 3,800 kg.

Wie viel Blöcke zu je 2500 g hat der Praktikant aufgelöst?

Antwortsatz: ______________________________

11. Aufgabe

(6 Punkte)

Nach dem Überzug der Sachertorten stellen Sie fest, dass diese ohne Glanz sind und graue Streifen aufweisen.

Nennen Sie die Ursache für diesen Fehler.

____

12. Aufgabe

(6 Punkte)

Sie bereiten Wiener Böden für die Sahnetorten vor.

Aus einem Rezept für Wiener Böden erhalten Sie nur zehn „flache" Böden und nicht – wie üblich – zwölf.

Prüfen Sie mögliche Fehlerquellen, die den Verlust erklären.

____

____

____

13. Aufgabe

(16 Punkte)

Für den Mittagstisch während der Aktionswoche bereiten Sie einen Salatteller aus Blattsalaten zu.

Beschreiben Sie die Herstellung und Anrichteweise eines Salattellers (ohne Mengenangabe).

Zutaten: ______________________________

____

____

Herstellung: ______________________________

____

____

Anrichteweise: ______________________________

____

____

14. Aufgabe

(4 Punkte)

Sie möchten den Salat für 4,90 Euro anbieten. Wie hoch darf der Wareneinsatz sein, wenn Sie mit einem Kalkulationsfaktor von 5,4 kalkulieren?

Antwortsatz: ______________________________

2. Abschlussprüfung

Wirtschaft und Sozialkunde

Zeit: 60 Minuten
Punkte: 100

Situation
Dagmar beginnt ihre Ausbildung zur Konditorin am 01.08.2012. Zu Beginn ihrer Ausbildung ist sie bereits 17 Jahre alt.

1. Aufgabe

Dagmar möchte sich über ihre Rechte und Pflichten während der Ausbildung informieren. Sie möchte wissen, wie lange ihre Probezeit andauern darf. In welchem Gesetz muss sie nachsehen? *Kreuzen Sie das zutreffende Gesetz an.*

- ◯ Im Grundgesetz
- ◯ Im Betriebsverfassungsgesetz
- ◯ Im Jugendarbeitsschutzgesetz
- ◯ Im Bundesurlaubsgesetz
- ◯ Im Berufsbildungsgesetz

2. Aufgabe

Kreuzen Sie die zutreffende Aussage an.

Dagmar hat das passende Gesetz gefunden. Demnach darf die Probezeit …

- ◯ höchstens sechs Monate betragen.
- ◯ drei Monate betragen.
- ◯ höchstens vier Monate betragen.
- ◯ mindestens einen Monat betragen.
- ◯ individuell zwischen Ausbilder und Auszubildendem geregelt werden.

3. Aufgabe

Dagmar denkt schon jetzt daran, ihre Gesellenprüfung vorzuziehen, und möchte sich darüber bei der zuständigen Stelle informieren. *Kreuzen Sie die zutreffende Aussage an.*

Sie informiert sich bei …

- ◯ ihrem Wirtschaftskundelehrer in der Schule.
- ◯ der Gewerkschaft.
- ◯ der Berufsgenossenschaft.
- ◯ ihrem Ausbilder.
- ◯ der zuständigen Handwerkskammer.

4. Aufgabe

Ihre Kollegin, die seit dem 01.01.2007 in Ihrem Betrieb beschäftigt ist, wird aus betrieblichen Gründen zum 31.12.2012 gekündigt. Dabei wird vereinbart, dass sie für jedes Beschäftigungsjahr 35 % eines Bruttomonatsgehaltes als Abfindung erhält.

Berechnen Sie die Höhe der Abfindung, wenn Sie von einem Bruttomonatsgehalt von 2600 Euro ausgehen.

Verfassen Sie einen Antwortsatz.

Antwortsatz: ______________________________

5. Aufgabe

Dagmar steht kurz vor der Abschlussprüfung, die sie um sechs Monate vorgezogen hat.

Kreuzen Sie die zutreffende Aussage an.

Dabei gilt, dass ...

- ◯ das Berufsausbildungsverhältnis mit Bestehen der Prüfung endet.
- ◯ das Berufsausbildungsverhältnis erst nach drei vollständigen Lehrjahren enden kann.
- ◯ das Berufsausbildungsverhältnis auch bei nicht bestandener Prüfung endet.
- ◯ beim Nichtbestehen der Prüfung das Ausbildungsverhältnis um weitere zwei Jahre verlängert werden kann.
- ◯ beim Nichtbestehen der Prüfung das Ausbildungsverhältnis nicht verlängert werden kann.

6. Aufgabe

Weil Dagmar nach der Lehre einen Auslandsaufenthalt beabsichtigt, möchte sie wissen, welche Kündigungsregeln nach der Ausbildung für sie gelten.

Kreuzen Sie die zutreffende Aussage an.

- ◯ 14 Tage
- ◯ 1 Monat
- ◯ 1/4 Jahr
- ◯ Mindestens vier Wochen zum 15. oder Ende eines Monats
- ◯ zwölf Wochen

7. Aufgabe

Heinz-Dieter ist mit dem Zeugnis seines Arbeitgebers nicht zufrieden. Er erwägt eine Klage. Prüfen Sie, wer dafür zuständig ist.

Kreuzen Sie die zutreffende Aussage an.

- ◯ Die Arbeitsagentur
- ◯ Die Industrie- und Handelskammer
- ◯ Das Landgericht
- ◯ Die Gewerkschaften
- ◯ Das Arbeitsgericht

8. Aufgabe

Am letzten Arbeitstag stürzt Heinz-Dieter auf dem Nachhauseweg und bricht sich ein Bein. Er muss für drei Tage ins Krankenhaus. Welche Leistungen/Zahlungen sind für ihn zutreffend? – Folgeschäden sind nicht zu erwarten.

Kreuzen Sie die zwei zutreffenden Aussagen an.

- ◯ Er erhält Verletztengeld von der Berufsgenossenschaft für die Dauer der Arbeitsunfähigkeit.
- ◯ Er bekommt eine Erstattung der Krankenhauskosten von seinem ehemaligen Arbeitgeber.
- ◯ Er erhält ein angemessenes Schmerzensgeld von der Krankenkasse.
- ◯ Er erhält Krankengeld von der Agentur für Arbeit.
- ◯ Kostenübernahme für die Heilbehandlung durch die Berufsgenossenschaft.
- ◯ Er erhält keine Leistungen, da er seinen Arbeitsvertrag bereits gekündigt hat.

9. Aufgabe

Ihre Kollegin Dietlinde ist in den Betriebsrat gewählt worden und berichtet Ihnen von den Mitbestimmungsrechten des Betriebsrates.

*Kreuzen Sie die **zwei** zutreffenden Aussagen an.*

Danach steht dem Betriebsrat ein Mitbestimmungsrecht zu, wenn es um

- ◯ Beginn und Ende der täglichen Arbeitszeit geht.
- ◯ die Aufstellung allgemeiner Urlaubsgrundsätze geht.
- ◯ die Höhe der Lohnzahlung geht.
- ◯ den Einsatz von Monitoren zur Überwachung der Mitarbeiter geht.
- ◯ die Einstellung von Mitarbeitern geht.
- ◯ die Planung gemeinsamer Urlaubsreisen geht.

10. Aufgabe

In der Tageszeitung lesen Sie, dass der Generationenvertrag als Grundlage der Rentenversicherung in die Diskussion geraten ist.

Kreuzen Sie die zutreffende Aussage an.

Unter dem Begriff des Generationenvertrages versteht man, dass ...

- ◯ die Politikergeneration für die Regelung der Altersvorsorge verantwortlich ist.
- ◯ die derzeit sozialversicherungspflichtig beschäftigten Arbeitnehmer mit ihren Beiträgen die gesetzliche Rente finanzieren.
- ◯ nur die Eltern von erwerbstätigen Kindern Anspruch auf eine Rentenzahlung haben.
- ◯ sich die derzeit beschäftigten Arbeitnehmer freiwillig zur Rentenzahlung für bedürftige Rentner verpflichten.
- ◯ sich die Zahlungen aus der Rentenkasse immer nur auf die nachfolgende Familiengeneration vererben.

11. Aufgabe

Im Berufsschulunterricht behandelten Sie die Zukunftsprobleme der Rentenversicherung. In diesem Zusammenhang wurde die Möglichkeit einer privaten Versicherung als individuelle Ergänzung erörtert.

Kreuzen Sie die zutreffende Aussage an.

- ◯ Aufgrund der demografischen Entwicklung muss man in 30 bis 40 Jahren mit erheblich niedrigeren Realrenten rechnen als heute.
- ◯ Wenn in der voraussichtlichen Biografie des Betroffenen mit erheblichen Ausfallzeiten zu rechnen ist.

(Fortsetzung der Aufgabe auf der nächsten Seite)

(Fortsetzung der Aufgabe 11 von Seite 242)

◯ Damit der Staat zwecks Sanierung der öffentlichen Haushalte die Zuschüsse zur Rentenversicherung reduzieren kann.

◯ Weil durch zunehmende europäische Rechtssetzung mit Rentenkürzungen zu rechnen ist.

◯ Weil sich bei den meisten Arbeitnehmern nach dem Übergang in den Rentnerstatus eine sogenannte Versorgungslücke ergibt.

12. Aufgabe

Heinz-Dieter hat seine Auswanderungspläne gestrichen und möchte eine eigene Konditorei gründen.

Dazu finden Sie bei Einblick in die Gründungsunterlagen den folgenden Text.

§ 5 Stammkapital; Geschäftsanteil

(1) Das Stammkapital der Gesellschaft muss mindestens fünfundzwanzigtausend Euro betragen.

Heinz-Dieter gründet die folgende Unternehmensform:

Kreuzen Sie die zutreffende Aussage an.

◯ Eine Ich-AG

◯ Eine Aktiengesellschaft

◯ Eine Offene Handelsgesellschaft

◯ Eine Gesellschaft mit beschränkter Haftung

◯ Eine Kommanditgesellschaft

13. Aufgabe

Ihre Kollegin, Auszubildende im 1. Lehrjahr, hat einen Block Kuvertüre aus dem Magazin gestohlen. Sie wird fristlos entlassen.

Stellen Sie fest, ob diese Kündigung tatsächlich wirksam ist.

Kreuzen Sie die zutreffende Aussage an.

◯ Nein, denn die Kündigung wurde ohne Zustimmung des Betriebsrates ausgesprochen.

◯ Nein, die Auszubildende war erst 17 Jahre alt und damit noch nicht volljährig.

◯ Ja, weil der Diebstahl einen wichtigen Grund zur sofortigen Kündigung darstellt.

◯ Ja, weil der Ausbilder jederzeit ohne einen Grund kündigen kann.

◯ Nein, denn zunächst muss die Auszubildende schriftlich abgemahnt werden.

14. Aufgabe

Stellen Sie fest, welche Abmahnungsgründe zulässig wären.

Kreuzen Sie die zutreffende Aussage an.

Ihr Ausbilder mahnt Heike, eine weitere Auszubildende, ab, weil

- ◯ sie seit mehr als sechs Wochen krank ist.
- ◯ sie während der Arbeitszeit zu drei Einsätzen der freiwilligen Feuerwehr gerufen wurde.
- ◯ sie an einer Demonstration für bessere Lernbedingungen an der Berufsschule teilgenommen hat.
- ◯ sie ohne Rücksprache mit dem Ausbilder an einem Zuckerkurs teilgenommen hat.
- ◯ sie durch ihre politischen Diskussionen dauerhaft den Betriebsfrieden stört.

15. Aufgabe

Heike kommt zu Ihnen und bittet Sie um Rat. Heike ist 18 Jahre alt und muss an ihrem Schultag noch vorher einige Stunden im Betrieb arbeiten, bevor sie zur Schule fährt.

Kreuzen Sie die zutreffende Aussage an.

Sie erklären Heike, dass dies

- ◯ durchaus zulässig ist, da Heike bereits das 18. Lebensjahr vollendet hat.
- ◯ unzulässig ist, wenn der Berufsschultag vor 9 Uhr beginnt.
- ◯ zulässig ist, wenn der Auszubildende dafür einen weiteren freien Tag erhält.
- ◯ zulässig ist, wenn der Auszubildende dieser Regelung zustimmt.
- ◯ allein vom Arbeitgeber (Ausbilder) zu bestimmen ist.

16. Aufgabe

Ihre Kollegin Heike wird schwanger. Sie möchte von Ihnen wissen, welche Rechte sie in diesem Fall in Anspruch nehmen kann. Empfehlen Sie ihr den geeigneten Gesetzestext.

Kreuzen Sie die zwei zutreffenden Aussagen an.

- ◯ Bundeselterngeld- und Elternzeitgesetz
- ◯ Kündigungsschutzgesetz
- ◯ Grundgesetz
- ◯ Berufsbildungsgesetz
- ◯ Mutterschutzgesetz
- ◯ Allgemeines Gleichbehandlungsgesetz

17. Aufgabe

Sie möchten sich nach Ihrer Ausbildung beruflich verändern. Bringen Sie die nachfolgenden Überlegungen in eine sinnvolle Reihenfolge.

◯ Arbeitszeugnis ausstellen lassen
◯ Arbeitsplatz fristgerecht kündigen
◯ Stellenausschreibungen beobachten
◯ Bewerbungsschreiben vorbereiten
◯ Vorstellungsgespräch führen
◯ Gehaltsverhandlungen führen
◯ Vertragsabschluss
◯ Probezeit festlegen

18. Aufgabe

Ihr neuer Arbeitgeber berichtet ihnen, dass er sich mit vier weiteren ortsansässigen Konditoreien zusammengeschlossen hat, um mit entsprechenden Absprachen der schwierigen Wirtschaftslage gewachsen zu sein.

Stellen Sie fest, welche Absprache gegen das Kartellrecht verstoßen würde.

◯ Eine Absprache über eine gemeinsame Preisgestaltung
◯ Eine Absprache über gemeinsame Marketingmaßnahmen der Innung
◯ Eine Absprache über ein gemeinsames Qualitätssiegel bei der Herstellung von Backwaren
◯ Eine Absprache über ein gemeinsames Einkaufskontingent bei der BÄKO
◯ Eine Absprache über einen Termin zum Erfahrungsaustausch aller Innungsmitglieder

19. Aufgabe

In der Wirtschaftspresse wird von einer zunehmenden konjunkturellen Erholung gesprochen. Welche der nachfolgenden Aussagen trifft für eine solche Phase zu?

Kreuzen Sie die zwei zutreffenden Aussagen an.

◯ Die Arbeitslosenzahl erhöht sich schleichend.
◯ Das Zinsniveau bei den Banken geht zurück.
◯ Nach zwischenzeitlicher Beruhigung zieht das Niveau der Konsumgüterpreise an.
◯ Der Staat kann mit Steuermehreinnahmen rechnen.
◯ Der Staat muss mit Steuerausfällen rechnen.
◯ Die Inflationsrate steigt.

20. Aufgabe

Kreuzen Sie die zwei zutreffenden Aussagen an.

Sie erwerben in einem Fachgeschäft einen Videorecorder. Welche Aussagen zur gesetzlichen Gewährleistung sind im Falle eines Defektes zutreffend?

- ◯ Der Kaufvertrag kann im Schadensfalle innerhalb von sechs Monaten anstandslos rückgängig gemacht werden.
- ◯ Bis zu sechs Monate nach Kauf müsste der Händler den bei Kaufdatum fehlerlosen Zustand des Gerätes nachweisen. Danach müsste der Kunde innerhalb der weiteren 1 $^{1}/_{2}$ Jahre nachweisen, dass das Gerät bei Übergabe fehlerhaft war.
- ◯ Dem Verkäufer stehen Nachbesserungsrechte zu.
- ◯ Der Vorgang muss bei der zuständigen Polizeibehörde angezeigt werden.
- ◯ Die gesetzliche Gewährleistung gilt nur, wenn der Kaufpreis bar bezahlt wurde.
- ◯ Die gesetzliche Gewährleistung gilt ausschließlich für Dienstleistungen.

21. Aufgabe

In der Zeitung lesen Sie einen Artikel über zunehmende Inflationstendenzen. Welche Schlüsse können Sie daraus ziehen?

Kreuzen Sie die zutreffende Aussage an.

- ◯ Aufbewahrte Bargeldbestände werden an Wert gewinnen.
- ◯ Die meisten Güter und Dienstleistungen werden teurer.
- ◯ Vermutlich wird die Europäische Zentralbank in Kürze die Basiszinsen anheben.
- ◯ Importwaren werden durchschnittlich preisgünstiger zu erwerben sein.
- ◯ Ich kann für mein Geld Waren deutlich preiswerter erwerben.
- ◯ Dienstleistungen werden preiswerter.

22. Aufgabe

Ihr Betrieb lässt die Berufskleidung und andere Textilien von einem Wäschereibetrieb reinigen und pflegen. – Geben Sie den für solche Unternehmen zutreffenden Wirtschaftssektor an.

Kreuzen Sie die zutreffende Aussage an.

- ◯ Handel
- ◯ Urerzeugung
- ◯ Dienstleistung
- ◯ Produktion
- ◯ Zulieferindustrie

23. Aufgabe

Das sogenannte Stabilitätsgesetz schreibt der Politik vier wesentliche Zielsetzungen im Hinblick auf wirtschaftspolitische Maßnahmen vor. Welche der nachfolgenden Nennungen ist nicht darin enthalten?

Kreuzen Sie die zutreffende Aussage an.

- ◯ Angemessenes Wirtschaftswachstum
- ◯ Klimaschutz
- ◯ Außenwirtschaftliches Gleichgewicht
- ◯ Ausweitung der Entwicklungshilfe
- ◯ Vollbeschäftigung

24. Aufgabe

In einem Internet-Blog wird vor einer kommenden Rezession gewarnt. Welche Merkmale sind typisch für diese Konjunkturphase?

Kreuzen Sie die zutreffende Aussage an.

- ◯ Produktionsrückgang und tendenzielle Preissenkungen
- ◯ Produktionsrückgang und Konsumzuwachs
- ◯ Produktions- und Konsumzuwachs
- ◯ Steigende Arbeitslosigkeit und wachsende Nachfrage aus dem Ausland
- ◯ Stabile Löhne und sinkender Absatz

25. Aufgabe

Ein Kunde möchte einen größeren Einkauf mit seiner EC-Karte bezahlen. Ihr Laden verfügt über eine Lesevorrichtung. Was müssen die Beteiligten eines solche Zahlungsvorgangs beachten/wissen?

Kreuzen Sie die zwei zutreffenden Aussagen an.

- ◯ Das Risiko mangelnder Kontodeckung liegt in jedem Fall beim Zahlungsempfänger/Verkäufer.
- ◯ Die bezogene Bank garantiert unabhängig von der Kontodeckung die Zahlung von 200,00 Euro je Zahlungsvorgang.
- ◯ Der Zahler/Käufer muss sich durch Abgabe seiner Unterschrift oder durch die Eingabe seiner geheimen PIN legitimieren.
- ◯ Der Verkäufer ist verpflichtet, dieses Zahlungsmittel anzuerkennen.
- ◯ Bei Einsatz der EC-Karte bei mangelnder Kontodeckung liegt in jedem Falle Betrug vor.
- ◯ Dieses Zahlungsmittel kann von jedem Käufer genutzt werden, sofern er sich mit der PIN legitimieren kann.

26. Aufgabe

Beim Abschluss von Kreditverträgen sind verschiedene Angaben vorgeschrieben. Welcher der nachfolgenden Punkte ist für die Vergleichbarkeit von Kreditangeboten der wichtigste?

Kreuzen Sie die zutreffende Aussage an.

- ◯ Anzahl der Raten
- ◯ Der effektive Jahreszins
- ◯ Die Höhe der Raten
- ◯ Der regelmäßige Zahlungstermin
- ◯ Die Kreditsumme

27. Aufgabe

Ein Haushalt hat im Mai 2010 bei einer Inflation von 2,5 % durchschnittliche Monatsausgaben von 1886,00 Euro. Wie hoch waren die Ausgaben bei gleicher Güterversorgung ein Jahr zuvor?

Verfassen Sie einen Antwortsatz.

Antwortsatz: ______________________________

3. Prüfungsteil Abschlussprüfung

Betriebswirtschaftliches Handeln

Zeit: 60 Minuten
Punkte: 100

Situation
Ihr Ausbildungsbetrieb, die Konditorei **„Reich & Schön"**, plant für die umsatzschwächere Zeit vor Ostern verschiedene Aktionen. Sie sind für die Planung und Durchführung eines Aktionstages im März verantwortlich. Der Praktikant Dieter hilft Ihnen bei der Vorbereitung.

1. Aufgabe (5 Punkte)

Nennen Sie weitere Anlässe, die sich zur Durchführung von Aktionen für eine Konditorei im Laufe eines Jahres anbieten.

Nennen Sie fünf Möglichkeiten.

____

____

____

____

____

2. Aufgabe (10 Punkte)

Bei der Planung Ihrer Aktionswoche im März müssen verschiedene Planungsschritte geprüft werden.

Welche Planungsüberlegungen gehören dazu?

Nennen Sie fünf.

____

____

____

____

____

3. Aufgabe

(3 Punkte)

Für Ihre Aktionswoche werden Sie verschiedene Spezialgebäcke anbieten.

Bestimmen Sie ein Motto für Ihre Aktionswoche.

4. Aufgabe

(6 Punkte)

Sie bieten während der Aktionswoche Vollkornbackwaren, Backwaren für Diabetiker und Backwaren für Zöliakiekranke an.

Nennen Sie für jede angegebene Backware ein Verkaufsargument.

5. Aufgabe

(6 Punkte)

Sie bereiten den Laden und das Café für die Aktionswoche vor. Nennen Sie sechs Dekorationsmaßnahmen für die Aktionswoche.

6. Aufgabe

(12 Punkte)

Sie bestellen für Ihren Aktionstag einige Waren und erhalten diese Rechnung.

Prüfen Sie den Rechnungsbetrag der Firma „Bäko-Back" und berechnen Sie die Beträge unter a, b und c.

BÄKO-Back
Fachbedarf für Bäckereien und Konditoreien

R. Kuhne – Ostwestfalenstraße 95 - 33619 Bielefeld

Schlosscafé
Dirk Gerdau
Buschkampstraße 34
33615 Bielefeld

Rechnungsnummer: 36548 Lieferdatum 11.12.2012

Wir lieferten Ihnen:

Menge	Artikel	Einheit	Preis/Einheit €
20	Kuvertüre	Block	11, 20
1	Mandeln	25 kg	126,40
36	Wein, Grauburgunder	0,75 l	3,50
100	Erdbeeren	0,250 kg	2,50
24	Pfirsiche	1/1	1,20
4,500	Putenkeulen/tiefgefroren	kg	2,70
25,000	Kartoffeln	kg	0,85
200	Eier	Stück	0,23

a) Rechnungsbetrag: ____________________

b) Rechnungsbetrag mit 7 % Mehrwertsteuer: ____________________

c) Rechnungsbetrag abzüglich 3 % Skonto: ____________________

zahlbar bis zum 18.12.2012

Antwortsätze zu:

a) ____________________

b) ____________________

c) ____________________

7. Aufgabe (8 Punkte)

Sie möchten am Aktionstag vorwiegend frische Waren verarbeiten.

Für Ihre Erdbeercharlotten benötigen Sie 7,4 kg Erdbeeren. Allerdings rechnen Sie mit einem Putzverlust von 12 %. Bitte auf ein volles Pfund runden.

(a) Wie viel kg Erdbeeren müssen zur Verfügung stehen, um die Erdbeercharlotten herzustellen?

(b) Die Erdbeeren sind in 250-g-Schalen abgepackt. Wie viele Schalen mit Erdbeeren müssen vorrätig sein?

(a) Antwortsatz: ______________________________

(b) Antwortsatz: ______________________________

8. Aufgabe (6 Punkte)

Die Lieferung Mandeln hat ein Bruttogewicht von 25 kg (s. Rechnung in Aufgabe 1).
Wie viel kostet ein kg Mandeln tatsächlich, wenn die Tara mit 600 g zu berücksichtigen ist?

Antwortsatz: ______________________________

9. Aufgabe

(6 Punkte)

Zum Aktionstag bieten Sie eine dreistöckige Festtagstorte mit einem Zuckeraufsatz zum Sparpreis an.

Dabei liegen Ihnen folgende Angaben vor:

Materialkosten	36,80 Euro
Arbeitszeit	5,5 Stunden
Stundenkostensatz	42,00 Euro
Risiko/Gewinn	21 %
MwSt.	19 %

Berechnen Sie den Verkaufspreis für Ihre Aktionstorten.

Antwortsatz: ______________________________

10 Aufgabe

(6 Punkte)

Für den Aktionstag stellen Sie Champagnertrüffel her. Diese haben Sie wie folgt kalkuliert:

Materialkosten	21,50 Euro
Betriebskosten	83,85 Euro
Risiko/Gewinn	32,65 Euro
Mehrwertsteuer	26,22 Euro

Berechnen Sie den Rohaufschlag (Bruttoaufschlag) inklusive Mehrwertsteuer in %.

11. Aufgabe (8 Punkte)

Die Aktionswoche schlägt sich auch im Umsatz Ihres Ausbildungsbetriebes nieder. Er liegt im April dieses Jahres um 13,5 % über dem Umsatz des Vormonats und beträgt 24340 Euro.

Berechnen Sie den Umsatz des Vormonats.

Antwortsatz: ______________________________

12. Aufgabe (10 Punkte)

Der Aktionstag soll von Ihnen aktiv beworben werden. Nennen Sie unter Berücksichtigung möglichst preiswerter Werbemaßnahmen **fünf** geeignete Werbemittel, um auf den Aktionstag hinzuweisen.

① ______________________________

② ______________________________

③ ______________________________

④ ______________________________

⑤ ______________________________

13. Aufgabe (10 Punkte)

Bei Ihren Werbemaßnahmen berücksichtigen Sie die sogenannte „AIDA-Formel".

Erklären Sie diese Formel, indem Sie die Anfangsbuchstaben fortführen.

Ⓐ = ______________________________

Ⓘ = ______________________________

Ⓓ = ______________________________

Ⓐ = ______________________________

14. Aufgabe

(4 Punkte)

Die Mitarbeiter in der Backstube beteiligen sich wöchentlich an einer Lotterie. Der Meister zahlt 50 Euro ein, der Geselle 20 Euro und der Auszubildende 5 Euro. Wie muss ein Lottogewinn in Höhe von 7500 Euro gerecht auf die drei Mitspieler verteilt werden?

4. Prüfungsteil Entwerfen und Zeichnen von Konditorerzeugnissen

Im 4. Prüfungsteil wird von Ihnen erwartet, dass Sie eine Hochzeitstorte oder ein Formstück entwerfen, das Sie im praktischen Teil der Prüfung anfertigen müssen. Es handelt sich dabei also nicht um ein „theoretisches Konstrukt“, sondern um eine in der Praxis durchzuführende Aufgabe. Dabei ist darauf zu achten, dass der Entwurf auch der in der Praxis anzufertigenden Torte entspricht. Änderungen oder fehlende Dekorelemente, veränderte Schriftbilder oder auch ein verändertes Anschnittprofil führen zum Punktabzug.

Was wird bei Ihrem Entwurf der Festtagstorte oder des Formstücks bewertet und worauf ist besonders zu achten? Je nach Innungsbezirk können die Anforderungsschwerpunkte unterschiedlich sein. Für die einen gilt der kreative Zugriff auf die Themenstellung als besonders bedeutsam, andere legen großen Wert auf die handwerkliche und genaue Darstellung der anzufertigenden Torte. Die Bewertungsschwerpunkte lassen sich im Vorfeld bei Ihren Fachlehrern und Ansprechpartnern in den Prüfungsausschüssen leicht erfragen. Dennoch lässt sich auch hier ein Bewertungsschema darstellen, auf das alle Prüfer in der Regel, wenn auch in unterschiedlichen Punktebewertungen, zurückgreifen werden.

Bewertungskriterien für das Gesellenstück, das Entwerfen und Zeichnen einer Festtagstorte oder eines Formstücks

- Angemessene Motiv- und Themenwahl zum vorgegebenen Thema
- Schriftbild (Garnierung und Schrift)
- Randdekor und Randgestaltung
- Farbzusammenstellung
- Tortenstück im Anschnitt
- Gleichmäßigkeit der Ausführungen
- Gesamteindruck
- Vollständigkeit der Angaben zum Tortenaufbau und Ausführung

Detaillierte Angaben zur Herstellung, Ideenfindung und Umsetzung der gewählten Aufgabe werden von Ihnen ggf. im mündlichen Prüfungsgespräch erfragt. Auch dies hängt von den konkreten Prüfungsanforderungen ab, die Ihr Prüfungsausschuss stellt.

Entwerfen und Zeichnen von Konditoreierzeugnissen

Zeit:	60 Minuten
Punkte:	100

Aufgabe:

Entwerfen und zeichnen Sie eine Hochzeitstorte.

Hilfsmittel: bis auf die Zeichenmaterialien, keine

Bearbeitungshinweise

1. Es dürfen nur genehmigte Skizzen oder Vorlagen genutzt werden. Dazu zählen:
   - Blatt mit Ring und Einteilung
   - Tortensegment
   - Linienblatt
2. Entwerfen Sie ein Schriftschild mit der Aufschrift: „Herzlichen Glückwunsch“
3. Täuschungsversuche führen zum Ausschluss von der Prüfung.

5.3 Lösungsvorschläge zur Zwischenprüfung

1. *Prüfungsteil Zwischenprüfung*

Warenwirtschaft, Produktionstechnik und Hygiene

Situation
Sie sind Auszubildender/Auszubildende in einer Konditorei mit einem Café. Sie bereiten kleine Speisen für den Mittagstisch vor. Ein Praktikant unterstützt Sie in den Monaten Februar und März.

Sie arbeiten in der „Kleinen Küche“

1. Aufgabe (5 Punkte)

Sie stellen fünf wechselnde Tagesgerichte für die Speisenkarte zusammen.

Nennen Sie fünf geeignete Speisen, die Sie für den Mittagstisch auswählen.

① Tomatensuppe mit Croutons

② Salat mit Putenbruststreifen

③ Schnitzel mit Bratkartoffeln und Salat

④ Seelachs mit Kartoffelsalat

⑤ Zwiebelkuchen

2. Aufgabe (2 Punkte)

Einige Gäste wünschen sich ein leichtes fettarmes Gericht zur Mittagszeit.
Wählen Sie zwei geeignete Gerichte aus und begründen Sie Ihre Auswahl.

Gericht 1 Salat mit Putenbruststreifen

Gericht 2 Tomatensuppe mit Croutons

Begründung zu 1 Salat und Putenbruststreifen haben nur wenig Fett und liegen nicht schwer im Magen.

Begründung zu 2 *Die Tomatensuppe ist leicht, wohlschmeckend und belastet den Magen nicht.*

3. Aufgabe (2 Punkte)

Sie verarbeiten in der kleinen Küche auch Convenience-Produkte.
Nennen Sie vier mögliche Vorteile für den Einsatz von Fertigprodukten in der Konditorei.

① Gleichbleibende Qualität der Produkte

② Geringer Personaleinsatz

③ Gute Vorratshaltung

④ Kein fachliches „Know-how“ notwendig

4. Aufgabe (2 Punkte)

Nennen Sie vier mögliche Nachteile für den Einsatz von Fertigprodukten in der Konditorei

1. Produkte sind austauschbar
2. Geschmackseinfalt statt Geschmacksvielfalt
3. Mitbewerber haben häufig ähnliche oder vergleichbare Produkte
4. Die Vermittlung handwerklicher Fähigkeiten verschlechtert sich

5. Aufgabe (2 Punkte)

Bei der Herstellung der Salatteller für den Mittagstisch beträgt der Putzverlust erfahrungsgemäß 18 %. Bei der Vorbereitung fallen 2,600 kg Salatabfall an.

Berechnen Sie, wie viel kg Salat insgesamt vorbereitet wurde.

2,6 kg = 18 %

2,6 kg : 18 x 100 = 14, 444 kg

Antwortsatz: Es wurden insgesamt 14,444 kg Salat vorbereitet.

6. Aufgabe (2 Punkte)

Sie arbeiten in der Backstube.

Ihr Praktikant wundert sich, dass das Blätterteiggebäck stark blättrig nach oben treibt.

Erklären Sie Ihrem Praktikanten genau, warum dies so ist.

In den Grundteig wird in einzelnen Schichten Fett eingezogen. Dadurch entstehen einzelne Teig- und Fettschichten. Die Lockerung erfolgt physikalisch. Dabei isolieren die Fettschichten die einzelnen Teigschichten voneinander. Während des Backprozesses bei ca. 100 °C verdampft das Wasser aus den einzelnen Teigschichten. Der Wasserdampf hebt die Teigschichten an und die Backhitze dringt ein. Die Krume in den Teigschichten verfestigt sich und es entsteht die typische Blätterung.

7. Aufgabe (4 Punkte)

Dabei erklären Sie Ihrem Praktikanten auch, mit welchen zwei Lockerungsmitteln und mit welchen zwei Lockerungsarten der Plunderteig gelockert wird.

Lockerungsmittel:

1. Hefe
2. eintouriertes Fett

Lockerungsart:

1. biologische Lockerung
2. physikalische Lockerung

8. Aufgabe (5 Punkte)

Sie stellen verschiedene Gebäckstücke aus Plunderteig, Blätterteig und Hefeteig her.

Wählen Sie ein Gebäckstück aus den drei genannten Teigen aus und beschreiben Sie detailliert die Herstellung.

Gebäck: Plunderhörnchen

Zutaten (Rezeptur, ohne Gewichtsangabe):

Mehl, Typ 550, Milch, Hefe, Zucker, Butter, Eier, Salz

Ziehfett

Herstellung:

Zutaten im Spiralkneter ca. 2 Minuten vermengen und dann ca. 5 Minuten kneten. Den Teig abgedeckt ca. 20 Minuten ruhen lassen. Danach Butter mit etwas Mehl glatt arbeiten (10 % der Fettmenge). Die Butter zu einem Rechteck formen und kühl stellen. Dabei sollte die Butter die gleiche Konsistenz wie der Teig aufweisen.

Der Grundteig wird rechteckig ausgerollt. Auf die eine Hälfte wird das Ziehfett gelegt und eingeschlagen.

Dann den Teig zu einem Rechteck ausrollen und ihm zwei einfache und zwei doppelte Touren geben. Nach jedem Touriervorgang erhält der Plunderteig eine Pause von ca. 20 Minuten.

Im Anschluss daran wird der Teig ca. 3 mm dünn ausgerollt und in Rechtecke geschnitten, mit einer Marzipanfüllung versehen, mit Ei an den Rändern abgestrichen und diagonal eingeschlagen.

Die Plunderteile auf Backpapier setzen, in die Gare geben (Dreiviertelgare) und mit Schwaden bei ca. 190 °C abbacken. Nach dem Backen werden die Plunderteile heiß aprikotiert und mit Fondant glasiert.

9. Aufgabe (2 Punkte)

Für die Herstellung des Blätterteiges stehen Ihnen unterschiedliche Mehlsorten zur Verfügung.

Wählen Sie die geeignete Mehlsorte aus und begründen Sie Ihre Wahl.

Die Wahl fällt auf die Mehltype 550, weil diese Mehltype über einen höheren Anteil an Klebereiweißstoffen verfügt. Dieser Weizenkleber eignet sich besonders für Plunderteige und Blätterteige. Diese müssen besonders dehnbar sein und über ein gutes Gashaltevermögen verfügen.

Roggenmehl ist dazu nicht geeignet. Roggenmehl enthält weniger quellfähige Eiweißstoffe. Hier kann sich kein Klebergerüst bilden, da die Schleimstoffe des Roggenmehls (Pentosane) die Kleberbildung verhindern.

10. Aufgabe

(5 Punkte)

Anhand der folgenden Abbildung erklären Sie Ihrem Praktikanten den Aufbau und die Zusammensetzung des Getreidekorns.

Beschriften Sie die vorliegende Zeichnung mit fünf Merkmalen.

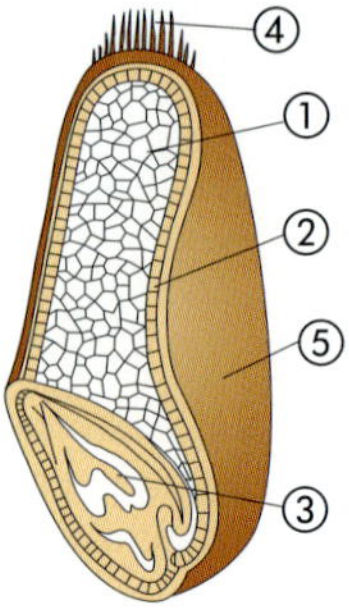

① Bärtchen

② Keimling

③ Aleuronschicht

④ Mehlkörper

⑤ Frucht- und Samenschale

11. Aufgabe

(8 Punkte)

Während Sie die Blätterteiggebäcke herstellen, erklären Sie Ihren Gästen in der Backstube, welche Fehler man bei der Herstellung vermeiden sollte.

Nennen Sie vier Fehler und deren Ursachen bei der Herstellung von Blätterteiggebäcken.

Fehler:

Blätterteiggebäcke schnurren, ziehen sich zusammen.

Das Blätterteiggebäck blättert „wild und ungleichmäßig“.

Das Blätterteiggebäck zieht ungleichmäßig hoch.

Das Blätterteiggebäck ist trocken.

Ursachen:

Das Gebäck hatte keine ausreichende Ruhezeit.

Es wurden zu wenig Touren gegeben, der Teig wurde zu dick ausgerollt.

Eistreiche wurde über das Gebäck gegeben, so dass die Randschichten verklebt wurden.

Das Mehl wurde während der Touren nicht ausreichend abgefegt.

12. Aufgabe

(2 Punkte)

Ein Besucher der Backstube fragt Sie, ob Blätterteig gut verdaulich sei. Informieren Sie den Kunden fachgerecht und benennen Sie außerdem ergänzende Verkaufsargumente.

Blätterteiggebäcke sind zartsplittrige und wohlschmeckende Gebäckstücke. Sie lassen sich am besten frisch verzehren und sind in der Regel sehr gut bekömmlich. Allerdings gilt dies nicht für Menschen, die besonders auf ihre Ernährung achten müssen. Blätterteiggebäcke sind durch den eintourierten Fettanteil sehr kalorienreich.

Blätterteiggebäcke lassen sich zu jeder Tageszeit genießen. Pikante Blätterteiggebäcke können auch gut noch am nächsten Tag gegessen werden. Idealerweise sollte man sie kurz vorher in der Mikrowelle erhitzen.

Blätterteiggebäcke können zu unterschiedlichen Anlässen genutzt werden. Als pikante Zwischenmahlzeit, als süßer Beitrag zur Kuchentafel, als „Knabbergebäck“ in Form von Käsestangen.

13. Aufgabe

(2 Punkte)

Laut Rezept verwenden Sie für den Blechkuchen ein Weizenmehl mit der Type 550. Erläutern Sie, was man unter dieser Bezeichnung versteht.

Die Type 550 gibt an, wie viel Milligramm Mineralstoffe in 100 Gramm wasserfreiem Mehl enthalten sind. Dabei wird wasserfreies Mehl bei 900 °C verbrannt. Übrig bleiben die Mineralstoffe im Mehl, die nicht verbrennen. Bleiben beim Verbrennen von 100 kg wasserfreiem Mehl 550 Milligramm Mineralstoffe in Form von Asche übrig, so spricht man von der Mehltype 550.

Warenwirtschaft

Zeit: 30 Minuten
Punkte: 100

Situation
Sie sind Auszubildender/Auszubildende in einer Konditorei mit einem Café (20 Sitzplätze). Darüber hinaus bieten Sie täglich wechselnde Gerichte für die Mittagskarte an. Im Augenblick bereiten Sie den Aktionstag vor.

1. Aufgabe

Die Einhaltung der Hygienevorschriften ist für alle lebensmittelverabeitenden Betriebe von großer Bedeutung. Dabei unterscheidet man drei Bereiche voneinander.

Kreuzen Sie die drei zutreffenden Lösungen an.

- [x] Produkthygiene
- [ ] Lieferantenhygiene
- [ ] Arbeitsgerätehygiene
- [ ] Abfallhygiene
- [x] Personalhygiene
- [ ] Transporthygiene
- [ ] Verkaufshygiene
- [x] Betriebshygiene
- [ ] Kundenhygiene

2. Aufgabe

Kreuzen Sie die zutreffende Lösung an.

Will man feststellen, wie es um die mikrobiologische Sauberkeit in der Backstube steht, ...

- [ ] wird eine Speichelprobe der Mitarbeiter genommen.
- [ ] werden die Fingernägel einer Sichtkontrolle unterzogen.
- [x] wird eine Abklatschprobe der Backstubenmitarbeiter genommen.
- [ ] wird die Personalhygiene stichprobenartig untersucht.
- [ ] wird eine Nährlösung im Froster eingefroren und nach drei Tagen untersucht.

3. Aufgabe

Ihr HACCP-Konzept im Betrieb sieht eine Hygieneschulung vor.

Kreuzen Sie die zutreffende Lösung an.

Diese Schulung ...

- ○ kann einmal im Jahr erfolgen.
- ✓ muss einmal im Jahr erfolgen.
- ○ muss nur bei der Einstellung eines neuen Mitarbeiters erfolgen.
- ○ wird als Schulungstermin vom Gesundheitsamt festgelegt.
- ○ ist freiwillig.

4. Aufgabe

Während der Warenannahme stellen Sie fest, dass Teile der Walnusslieferung schimmelig geworden sind.

Kreuzen Sie die zutreffende Lösung an.

Sie...

- ○ sortieren die schimmeligen Nüsse aus.
- ○ verlangen vom Lieferanten eine Preisminderung.
- ○ reinigen die Nüsse und verarbeiten sie sofort.
- ✓ lehnen die Annahme der Ware ab.
- ○ frieren die Nüsse ein, um die Mikroorganismen abzutöten.

5. Aufgabe

Damit unnötige Arbeitsbelastungen für die Mitarbeiter in der Backstube vermieden werden können, berücksichtigt man die Erkenntnisse der Ergonomie.

Kreuzen Sie die zutreffende Lösung an.

Darunter versteht man ...

- ○ die Anpassung des Menschen an die Arbeitsbedingungen.
- ○ die Einrichtung des Arbeitsplatzes nach den Wünschen der Mitarbeiter.
- ✓ die Anpassung der Arbeitsbedingungen an den Menschen.
- ○ die Gestaltung der Backstube nach den Erkenntnissen der Farbenlehre.
- ○ die Aufteilung der Arbeitsräume und Laufwege von Rein zu Unrein.

6. Aufgabe

Sie kommen in die Backstube und stellen fest, dass sich die Friteuse entzündet hat. Wie verhalten Sie sich?

*Kreuzen Sie die **zwei** zutreffenden Lösungen an.*

- ◯ Sie löschen die Friteuse mithilfe eines großen Wassereimers.
- ◯ Sie unterbrechen die Stromzufuhr für die Backstube, indem Sie den Hauptschalter auf null stellen.
- ◯ Sie laufen zur Mehlkammer und schütten eine Schaufel Mehl in die Friteuse.
- ✓ Sie rufen die Feuerwehr.
- ✓ Sie schließen die Friteuse nach Möglichkeit mit einem Deckel ab.
- ◯ Sie warnen die anderen Mitarbeiter und verlassen die Backstube.

7. Aufgabe

Kreuzen Sie die zutreffende Lösung an.

Sollte der Brand nicht zu kontrollieren oder zu löschen sein, gilt bei der Brandbekämpfung der folgende Grundsatz:

- ◯ Sich schützen – andere schützen – Geräte und Maschinen schützen
- ◯ Gebäude sichern – Menschen schützen – Verletzten helfen
- ◯ Hilfe holen – Hilfe leisten – Rettungswege frei halten
- ◯ Brand beobachten – Brand eindämmen – Brand bekämpfen
- ✓ Alarmieren – Retten – Löschen

8. Aufgabe

Kreuzen Sie die drei zutreffenden Merkmale an.

Hefefeinteige lassen sich je nach Mengenzugabe einzelner Zutaten unterscheiden, in ...

- ✓ Mittelschwere Hefeteige
- ◯ Ganz schwere Hefeteige
- ◯ Doppelt schwere Hefeteige
- ◯ Einfache Fetthefeteige
- ✓ Leichte Hefeteige
- ◯ Doppelte Fetthefeteige
- ◯ Ultraleichter Feinhefeteig
- ◯ Federleichter Milchhefeteig
- ✓ Schwere Hefeteige

9. Aufgabe

Ihre Praktikantin möchte wissen, woran man frische Eier erkennen kann.

Sie erklären ihr die „Schwimmprobe“, bei der man ein rohes Ei in ein mit Salzwasser gefülltes Glas legt, um den Frischezustand zu erkennen.

Kreuzen Sie die zutreffende Erklärung für die Frischeprobe an.

- ◯ Das frische Ei schwimmt langsam nach oben.
- ✓ Das frische Ei bleibt am Boden liegen.
- ◯ Das frische Ei steigt schnell nach oben.
- ◯ Das frische Ei sinkt nicht, es bleibt aufgerichtet an der Wasseroberfläche.
- ◯ Das frische Ei bleibt mittig im Glas.

10. Aufgabe

Für den Aktionstag bereiten Sie den Butterkuchen vor.

Bei dem Durchblättern Ihrer Rezeptmappe fallen Ihnen zwei Rezepte in die Hand. Leider sind die Rezeptüberschriften nicht erkennbar. Wählen Sie das infrage kommende Rezept für den Butterkuchen aus!

Rezept 1		Rezept 2	
500g	Zucker	1000 g	Weizenmehl
1000 g	Butter	400 g	Milch
1500 g	Weizenmehl	60 g	Hefe
150 g	Vollei	120 g	Zucker
60 g	Eigelb	150 g	Butter
7,5 g	Salz	100 g	Vollei
	Zitrone, Vanille,	10 g	Salz
		5 g + 5 g	Zitrone, Vanille
		150 g	Rosinen

Antwort: Rezept 2

11. Aufgabe

Da ein Blech Butterkuchen nicht ausreicht, erläutern Sie Ihrer Praktikantin, wie sich Rezepturen mithilfe der Schlüsselzahl berechnen lassen.

Welche der folgenden Rechnungsanweisungen zur Berechnung der Schlüsselzahl ist zutreffend?

Kreuzen Sie die zutreffende Lösung an.

Die Schlüsselzahl ergibt sich aus:

- ✓ Benötigtem Rezepturgewicht durch gegebenes Rezepturgewicht
- ◯ Geplantem Teiggewicht mal berechnetem Rezeptgewicht
- ◯ Backgewicht mal Rezeptgewicht, geteilt durch das Grundrezept
- ◯ Backverlust des Rezeptgewichtes, geteilt durch das Rezepturgewicht
- ◯ Grundrezeptur und dem Backverlust in % mal Teiggewicht

12. Aufgabe

Sie teilen Heike mit, dass Sie für den Butterkuchen 18,5 kg Teig benötigen. Berechnen Sie die entsprechende Schlüsselzahl aus den in Aufgabe 10 genannten Rezepten, indem Sie das passende Rezept zur Berechnung auswählen.

18,5 : 2 = 9,25

Antwortsatz: Die Schlüsselzahl lautet: 9,25

13. Aufgabe

Ihre Praktikantin wundert sich, dass nicht viel mehr Zucker für den Butterkuchenteig verwendet wird. Sie erklären, dass der Anteil des Zuckers Einfluss auf das Gärverhalten hat. Welche der nachfolgenden Aussagen ist zutreffend?

*Kreuzen Sie die **zwei** zutreffenden Antworten an.*

Berechnet man vom Mehlanteil …

- [x] bis zu 2 % Zucker, ist dies gärfördernd.
- [x] bis zu 10 % Zucker, ergibt sich eine langsamere Gärtätigkeit.
- [ ] ab 20 % Zucker, ergibt sich eine optimale Gärtätigkeit.
- [ ] ab 50 % Zucker, muss die Flüssigkeitsmenge erhöht werden.
- [ ] bis zu 75 % Zucker, muss die Gärtemperatur angepasst werden.
- [ ] bis zu 80 % Zucker, spricht man von einem Zuckerkuchen.

14. Aufgabe

Während Ihres Aktionstages bereiten Sie eine Erdbeerbowle vor. Sie verwenden dabei folgende Zutaten:

4 Flaschen zu je 0,7 l Weißwein

2 Flaschen mit 0,75 l Sekt

Wie viele Gläser können am Aktionstag ausgeschenkt werden, wenn Sie jeweils Gläser mit 0,15 l ausschenken?

4 x 0,7 l + 2 x 0,75 l : 0,15 l = 28,66 Gläser

Antwortsatz: Sie können 28 Gläser ausschenken

15. Aufgabe

Sie sind mit der Vorbereitung für die Salatteller beschäftigt. Nennen Sie Ihrer Praktikantin Regeln, die bei der Herstellung und Zubereitung von Salaten besonders zu beachten sind.

Kreuzen Sie die zwei richtigen Regeln an.

- ◯ Salat muss ca. 1 Stunde gewässert werden.
- ◯ Salat sollte mit dem Messer kleingeschnitten werden.
- ◯ Salatblätter werden vom Gast mit Messer und Gabel verzehrt.
- ✓ Salatblätter werden gezupft und nicht geschnitten.
- ◯ Salat sollte in heißem Wasser gereinigt werden.
- ✓ Salat sollte im Teller hoch angerichtet werden.

16. Aufgabe

Der Konditorgeselle erhält eine Lohnerhöhung von 8 % und erhält danach einen Bruttolohn in Höhe von 1640 €. Wie hoch war der Bruttolohn vor der Lohnerhöhung?

108 % = 1640 €

100 % = x

$$100\,\% = \frac{1640 \times 100}{108} = 1518{,}51\ €$$

Antwortsatz: Der Bruttolohn betrug 1518,51 €.

17. Aufgabe

Sie brühen einen Kaffee auf. Kaffee wirkt anregend. Welcher Inhaltsstoff im Kaffee ist dafür verantwortlich?

Kreuzen Sie die zutreffende Antwort an.

- ◯ Theobromin
- ◯ Farin
- ✓ Koffein
- ◯ Energien
- ◯ Solanin

Aufgabe 18

Sie trinken grünen Tee. Ihre Praktikantin möchte von Ihnen wissen, worin der Unterschied zwischen einem grünen Tee und einem schwarzen Tee besteht.

Verfassen Sie einen Antwortsatz.

Grüner Tee wird nicht fermentiert.

2. Prüfungsteil Zwischenprüfung

Betriebswirtschaftliches Handeln

Situation
Sie sind Auszubildender/Auszubildende in einer Konditorei mit einem Café (20 Sitzplätze). Anlässlich der bevorstehenden Osterzeit soll Ihre „offene Backstube" beworben werden.

1. Aufgabe (4 Punkte)

Ihre offene Backstube soll mit pfiffigen, aber auch preiswerten Ideen beworben werden. Nennen Sie mögliche Werbemittel, die Sie einsetzen werden (4 Nennungen).

„Live-Mitschnitt" aus der Backstube für den Verkaufsraum

Zielgruppenorientierte Aktionsbacktage für Kindergärten, Grundschulen ...

Regionale Werbemaßnahmen, wie z. B. Stadtfest, Fasching, Karneval, Trachtenumzug

Auszubildendentag, Auszubildende übernehmen die Backstube

Aktionstage mit einem themenbasierten Gebäckangebot, wie z. B. Erdbeerwoche

2. Aufgabe (2 Punkte)

Sie erhalten 46 kg Äpfel zum Preis von 28,50 Euro. Die Kiste wiegt 1800 g.

Ermitteln sie den Nettopreis für 1 kg Äpfel.

46 kg – 1, 8 kg = 44,2 kg

28,50 € : 44, 2 kg = 0,64 €

Antwortsatz: Ein kg Äpfel kostet 0,64 €.

3. Aufgabe (2 Punkte)

Für die Herstellung Ihres Blätterteigs verwenden Sie folgendes Rezept:

8.000 g	Weizenmehl
4.000 g	Wasser
160 g	Salz
640 g	Butter
320 g	Eigelb
400 g	Zucker
80 g	Fruchtsäure
8.000 g	Butter
21.600 g	

Der Backverlust des Blätterteiggebäckes beträgt 14 %. Ein Blätterteiggebäck wiegt ausgebacken 42 g. Wie viele Gebäckstücke erhalten Sie?

Rechenweg

21,600 kg x 0,86 = 18,576 kg

18,576 kg: 42 g = 442,286 Stück

Antwortsatz: Ich erhalte 442 Stücke.

4. Aufgabe

(2 Punkte)

Während eines Aktionstages bieten Sie ein Stück Sachertorte für 1,95 Euro an. Vor dem Aktionstag kostete das Stück 2,60 Euro. Um wie viel Prozent ist das Stück Sachertorte preiswerter geworden?

2,60 € – 1,95 € = 0,65 €

2,60 € = 100 %

0,65 € = x

x = 25 %

Antwortsatz: Das Tortenstück ist um 25 % preiswerter geworden.

5. Aufgabe

(2 Punkte)

Vier Konditorinnen verarbeiten am Aktionstag in 3 Stunden 180 kg frische Äpfel für die Apfeltaschen. Wie viel kg Äpfel verarbeiten fünf Konditorinnen in 5 Stunden?

4 Konditorinnen – 3 Stunden – 180 kg Äpfel

5 Konditorinnen – 5 Stunden – x kg Äpfel ?

$$x = \frac{180 \times 5 \times 5}{4 \times 3} = 375 \text{ kg}$$

Antwortsatz: Fünf Konditorinnen verarbeiten 375 kg Äpfel

6. Aufgabe

(9 Punkte)

Während des Aktionstages stehen nicht nur Ihre Produkte im Vordergrund, sondern das Team der gesamten Backstube. Ihr Meister bittet Sie, die Auszubildenden auf die Bedeutung des Aktionstages hinzuweisen.

Erläutern Sie Ihren Auszubildenden, welche Erwartungen an das Team der Backstube gestellt werden.

Stellen Sie zu folgenden Punkten jeweils drei Regeln auf:

Verhalten der Mitarbeiterinnen und Mitarbeiter:

Mitarbeiter führen keine Privatgespräche.

Mitarbeiter sprechen Stammkunden mit ihrem Namen an.

Mitarbeiter regeln mögliche Reklamationen möglichst großzügig.

Mitarbeiter berücksichtigen bekannte Kundenwünsche bereits im Vorfeld.

...

Erscheinungsbild:

gepflegtes Äußeres

dezente schminke

einheitliche, saubere Arbeitskleidung

...

Körpersprache:

offene Körpersprache, keine verschränkten Arme

Blickkontakt zum Kunden

aufrechte Körperhaltung, nicht anlehnen oder gelangweilt herumstehen

lächeln

...

3. Prüfungsteil Zwischenprüfung

Entwerfen und Zeichnen von Konditoreierzeugnissen

Zeit:	30 Minuten
Punkte:	100

Bearbeitungshinweise

Es dürfen keine vorgefertigten Skizzen oder Vorlagen genutzt werden.

Aufgabe:

Entwerfen und zeichnen Sie

1. Zwei Schriftschilder „Zur Prüfung“
2. Zwei Schriftschilder „Zum Geburtstag“
3. Sechs Wiener Desserts (2 x 3)

Zeichnungen für Wiener Desserts

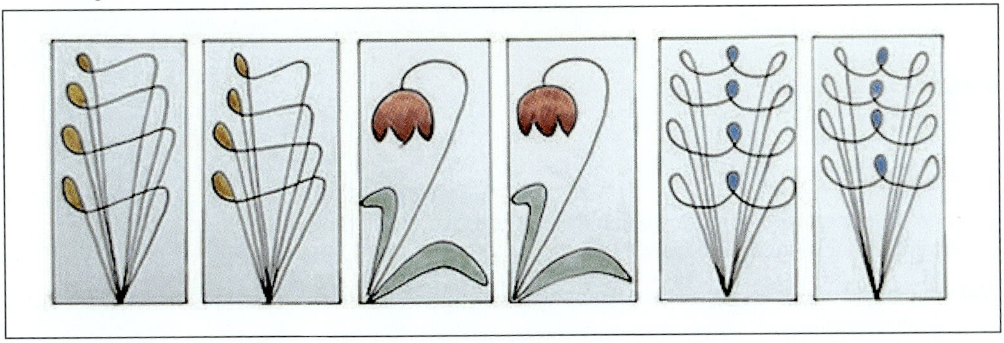

5.4 Lösungsvorschläge zur Abschlussprüfung

1. *Prüfungsteil Abschlussprüfung der Konditoren*

Zeit: 45 Minuten
Punkte: 100

Warenwirtschaft, Hygiene und Produktionstechnik

Warenwirtschaft und Hygiene

Situation
Sie haben einen Praktikanten im Betrieb. Sie betreuen den Praktikanten Dieter während des Praktikums.

Zu Beginn Ihrer Betriebsbesichtigung unterhalten Sie sich mit Dieter über die Hygienebedingungen im Betrieb und weisen ihn auf die möglichen Schädlinge hin.

1. Aufgabe

Tierische Schädlinge stellen eine Gefährdung dar. Ordnen Sie die nachfolgenden Schädlinge ihren bevorzugten Aufenthaltsorten zu.

(1) Mäuse	(a) Getreideabfälle
(2) Schaben	(b) Lager
(3) Silberfische	(c) Warme, feuchte Orte
(4) Mehlkäfer	(d) Dunkle, warme und feuchte Orte

Antwort: 1b, 2d, 3c, 4a

2. Aufgabe

Sie frieren Sahnetorten ein. Sie weisen Ihren Auszubildenden darauf hin, dass die exakte Lagertemperatur eingehalten werden muss.

Welche der nachfolgend genannten Temperaturwerte bestimmt die korrekte Lagertemperatur?
Kreuzen Sie die Kästchen vor der zutreffenden Aussage an.

- ✓ Die Tiefkühltemperatur muss mindestens –18 Grad Celsius betragen.
- ○ Die Tiefkühltemperatur muss mindestens –6 Grad Celsius betragen.
- ○ Die Tiefkühltemperatur muss mindestens –40 Grad Celsius betragen.
- ○ Die Tiefkühltemperatur muss mindestens –32 Grad Celsius betragen.
- ○ Die Tiefkühltemperatur muss mindestens +2 Grad Celsius betragen.

3. Aufgabe

In diesem Zusammenhang weisen Sie auf die Bedeutung des HACCP-Konzeptes hin.

Kreuzen Sie das Kästchen vor der zutreffenden Aussage an.

Das HACCP-Konzept …

- ◯ wird nur in Betrieben umgesetzt, die regelmäßig Lebensmittel verarbeiten.
- ◯ kann wahlweise von den Betrieben eingeführt werden.
- ◯ muss in allen Verkaufsräumen und im Schaufenster sichtbar ausgehängt werden.
- ◯ muss auf Verlangen dem Kunden in kopierter Form ausgehändigt werden.
- ✓ schützt die Gesundheit der Verbraucher.

4. Aufgabe

Sie machen zusammen eine kurze Frühstückspause. Dieter möchte eine Tasse Tee trinken. Sie erklären Dieter die unterschiedlichen Auswirkungen des Teegenusses.

Kreuzen Sie die Ziffer vor der zutreffenden Aussage an.

Tee, der …

- ◯ länger zieht, entfaltet eine anregende Wirkung.
- ✓ kürzer zieht, entfaltet eine anregende Wirkung.
- ◯ fermentiert ist, macht müde.
- ◯ grün ist, schränkt die Aufmerksamkeit ein.
- ◯ nicht fermentiert ist, erhöht die Körpertemperatur.

5. Aufgabe

Als Sie sich noch etwas H-Milch in den Kaffee gießen, fragt sie Dieter, was darunter zu verstehen sei.

Kreuzen Sie die Ziffer vor der zutreffenden Erklärung an.

- ◯ H-Milch wird ausschließlich kondensiert.
- ◯ H-Milch ist Rohmilch ohne Rahm.
- ◯ H-Milch wird pasteurisiert.
- ✓ H-Milch wird nur wenige Sekunden auf ca. 150 Grad erhitzt.
- ◯ H-Milch wird homogenisiert und dann entkristallisiert.

Situation
Sie arbeiten mit Dieter aushilfsweise auf dem Hefeteigposten.

6. Aufgabe

Hefeteige lassen sich nach folgenden Merkmalen unterscheiden.

Kreuzen Sie die zwei zutreffenden Lösungen an.

- ✓ Rezept
- ○ Backzeit
- ○ Jahreszeit
- ✓ Herstellungsart
- ○ Knetzeit
- ○ Verwendete Mehltype

7. Aufgabe

Hefeteige lassen sich darüber hinaus auch nach folgenden Merkmalen unterscheiden. Dabei unterscheidet man sie in …

Kreuzen Sie die zutreffende Lösung an.

- ○ Süße, mittelsüße und sehr süße Hefeteige
- ○ Milde, aromatische und herzhafte Hefeteige
- ○ Leichte, schwere und süße Hefeteige
- ✓ Leichte, mittelschwere und schwere Hefeteige
- ○ Feine, grobe und voluminöse Hefeteige

8. Aufgabe

Welche der nachfolgend genannten Herstellungsweisen von Hefeteigen zählt nicht dazu?

Kreuzen Sie die zutreffende Antwort an.

Hefeteige werden nicht …

- ○ gerührt
- ○ geknetet
- ○ geschlagen
- ○ gezogen
- ✓ gebunden

9. Aufgabe

Dieter möchte von Ihnen wissen, welche Zutaten für die Herstellung einer Röstmasse benötigt werden. Bestimmen Sie die passende Zutatenliste.

Kreuzen Sie die zutreffende Lösung an.

- ○ Honig oder Milch, Fett, Fondant, Salz und Eier
- ○ Milch, Hefe, Mandeln, Mehl, Salz und Eier
- ○ Wasser, Sirup, Mehl, Zucker und Eier
- ✓ Honig, Zucker, Glukose, Butter, Sahne
- ○ Sahne, Butter, Mehl, Salz, Zucker und Eier

10. Aufgabe

An einem Beispiel erläutern Sie Dieter, wie sich Rezepturen mithilfe der Schlüsselzahl berechnen lassen.

Ihr Rezept hat eine Rezepturmenge von 2,500 kg. Sie benötigen allerdings 56,000 kg Rezepturgewicht.

Ermitteln Sie die Schlüsselzahl.

Verfassen Sie einen Antwortsatz.

56 : 2,5 = 22,4

Die Schlüsselzahl lautet 22,4.

11. Aufgabe

Während Sie einen weiteren Hefeteig zubereiten, erläutern Sie Dieter, wie sich die Fettzugabe auf die Teig- und Gebäckbeschaffenheit auswirken kann.

Welche der folgenden zwei Aussagen sind zutreffend?

Kreuzen Sie die zutreffenden Lösungen an.

Fette …

- ✓ erhöhen die elastischen Fähigkeiten des Klebers.
- ○ verringern den Lockerungseffekt.
- ○ isolieren die einzelnen Teigschichten im Hefeteig.
- ✓ verbessern die Frischhaltung.
- ○ mit einem hohen Schmelzpunkt fördern die Verdaulichkeit des Hefeteiggebäckes.
- ○ mit einer hohen Emulgierbarkeit stärken die Krustenbräunung des Gebäckstückes.

12. Aufgabe

Ein Baumkuchen ist für den Ladenverkauf vorgesehen.

Die Materialkosten für einen Baumkuchen betragen 4,80 Euro. Berechnen Sie den Ladenverkaufspreis, wenn Sie mit einem Gesamtaufschlag von 680 % kalkulieren.

Materialkosten	= 4,80 €	= 100 %
+ Gesamtaufschlag	= 32,64 €	= 680 %
Ladenverkaufspreis	= 37,44 €	

100 % = 4,80
680 % = x

$$x = \frac{4{,}80 \times 680}{100}$$

oder auch: 4,80 € x 7,8 = 37,44 €

Der Ladenverkaufspreis beträgt: 37,44 €

13. Aufgabe

Dieter möchte von Ihnen wissen, was ein Geselle verdient. Dazu stellen Sie Dieter folgende Aufgabe:

Ein Konditormeister erhält eine Lohnerhöhung von 8,5 % und bekommt danach einen Bruttolohn von 2821,00 Euro. Wie hoch war der Bruttolohn vor der Erhöhung?

Dieter ist unschlüssig und schlägt Ihnen mehrere Ergebnisse vor:

Kreuzen Sie die zutreffende Lösung an.

Der Bruttolohn betrug vor der Erhöhung:

- [x] 2600,00 €
- [ ] 2581,21 €
- [ ] 2750,00 €
- [ ] 2900,56 €
- [ ] 2480,00 €

14. Aufgabe

Sie bitten Dieter, die Weißweine und Rotweine zu sortieren. Dieter fragt sie, ob es einen Unterschied in der Herstellung von Weißwein und Rotwein gebe.

Sie erklären Dieter den Unterschied.

Kreuzen Sie die zwei zutreffenden Lösungen an.

Der Unterschied zwischen Rotwein und Weißwein besteht darin, dass …

- ◯ Rotwein nicht gärt, sondern fermentiert wird.
- ✓ bei Weißwein nur der Most vergoren wird.
- ◯ bei Rotwein nur der Most vergoren wird.
- ✓ bei Rotwein zunächst die Maische vergoren wird.
- ◯ bei Weißwein keine Gärung stattfindet.
- ◯ bei Weißwein nur die Maische vergoren wird.

15. Aufgabe

Dieter wundert sich über die unterschiedlichen Preise auf der Getränkekarte. Insbesondere gilt dies für den Champagner. Sie erklären Dieter, was den Champagner im Vergleich zu anderen Schaumweinen auszeichnet.

Welche der folgenden Aussagen sind nicht zutreffend?

*Kreuzen Sie die zwei **nicht zutreffenden Lösungen** an.*

Champagner …

- ✓ darf auch in Deutschland hergestellt werden, wenn er mit der Flaschengär-Methode erzeugt wird.
- ◯ stammt nur aus der Champagne.
- ◯ wird ausschließlich nach der Flaschengär-Methode erzeugt.
- ◯ wird in einem aufwendigen Verfahren „gerüttelt“, damit sich das Hefedepot absetzt.
- ◯ ist in unterschiedlichen Geschmacksrichtungen erhältlich.
- ✓ hat einen Mindestalkoholgehalt von 18 %.

16. Aufgabe

Ihr Betrieb bezieht für das Bio-Backwarenangebot zusätzlich einige Rohstoffe. Insgesamt sind es im Monat 2400 kg. Sie verarbeiten die folgenden Mengenanteile.

$1/4$ Marzipan
$3/10$ Rosinen
$1/5$ Mandeln
$2/20$ Mohn
$1/8$ Trockenfrüchte

① Berechnen Sie das Gewicht der einzelnen verarbeiteten Rohstoffmengen.

2400 kg : 4 = 600 kg	600 x 1 = 600 kg Marzipan
2400 kg : 10 = 240 kg	240 x 3 = 720 kg Rosinen
2400 kg : 5 = 480 kg	480 x 1 = 480 kg Mandeln
2400 kg : 20 = 120 kg	120 x 2 = 240 kg Mohn
2400 kg : 8 = 300 kg	300 x 1 = 300 kg Trockenfrüchte

② Bestimmen Sie das Gewicht der nicht verarbeiteten Rohstoffe.

2400 kg – 2340 kg = 60 kg

17. Aufgabe

Dieter sieht im Lagerraum nicht verkaufte, ältere Osterhasen aus Kuvertüre, die grau geworden sind.

Sie erklären Dieter die Ursache.

Kreuzen Sie die zutreffende Lösung an.

◯ In die Überzugsmasse ist Wasser gekommen.

◯ Die Kuvertüre hatte einen zu hohen Kakaobutteranteil.

◯ Die Form hatte nach dem Reinigen noch Spülmittelreste.

◯ Beim Temperieren wurde zu viel Luft untergeschlagen.

✓ Kuvertüre wurde zu warm temperiert.

18. Aufgabe

Kreuzen Sie die zutreffende Erklärung an.

Dieter hilft Ihnen beim Abflämmen des „Königsberger“ Marzipankonfektes.

Dabei handelt es sich um …

◯ Persipan, das ausschließlich nur aus Pfirsichkernen hergestellt werden darf.

◯ Königsberger Marzipan, das nur in Königsberg hergestellt werden darf.

✓ Königsberger Marzipan, das überall hergestellt werden darf.

◯ Dekormarzipan, das nur nach den Richtlinien des Deutschen Konditorenbundes hergestellt werden darf.

◯ Marzipan, das mit Rosenlikör und Bittermandelöl abgeschmeckt werden muss.

19. Aufgabe

Sie finden die folgende Zahlenkombination auf der Verpackung von Kuvertüre. Dieter fragt Sie nach der Bedeutung.

Tragen Sie die Ziffer vor den <u>drei</u> zutreffenden Bedeutungen in den Lösungsbogen ein.

Zahlenkombination: 70/30/40

Die Zahlen geben Auskunft über...

- ◯ den Geschmack
- ✓ den Kakaoanteil
- ✓ den Zuckeranteil
- ◯ das Herkunftsland
- ◯ den Aromenanteil
- ✓ die Fließfähigkeit
- ◯ den Gerbstoffanteil
- ◯ die Kakaoplantage
- ◯ den Grad der Conchierung

20. Aufgabe

Auf Ihrer „Kleinen Karte" werden auch Salate angeboten. Worauf ist bei der Zubereitung besonders zu achten?

Kreuzen Sie die zutreffende Arbeitsanweisung in dem Lösungsbogen an.

Blattsalate ...

- ◯ müssen kräftig gesalzen werden, damit sie nicht oxydieren.
- ◯ sollten im Teller möglichst flach angerichtet werden.
- ◯ müssen mit Messer und Gabel serviert werden.
- ✓ sollen mundgerecht serviert werden.
- ◯ sollten vor dem Servieren 30 bis 40 Minuten gewässert werden, damit der Schmutz entfernt wird.

21. Aufgabe

Als Heike die Gerichte der Speisenkarte liest, werden Sie gefragt, was unter einer Kraftbrühe zu verstehen sei.

Erklären Sie den Begriff.

Kreuzen Sie die Ziffer vor der zutreffenden Aussage an.

Bei einer Kraftbrühe handelt es sich um eine...

- ◯ Klare Gemüsesuppe
- ✓ Geklärte Fleischbrühe
- ◯ Minestrone ohne Gemüse
- ◯ Brühe mit der doppelten Füllmenge
- ◯ Brühe mit doppeltem Klärfleischanteil

22. Aufgabe

Zur Vorbereitung auf die Spargelzeit sollen Sie probeweise eine Sauce Hollandaise herstellen.

Kreuzen Sie die zutreffende Lösung an.

Bei der Sauce Hollandaise handelt es sich um eine ...

- ◯ geklärte Fischbuttersauce
- ◯ Ableitung der Béchamelsauce
- ◯ gebundene Geflügelcremesauce
- ✓ aufgeschlagene Buttersauce
- ◯ Sauce aus Fleischextrakt

Produktionstechnik

Situation
Sie bereiten das Backwarenangebot für die Aktionswoche im März vor.

1. Aufgabe (8 Punkte)

Wählen Sie aus dem Bereich Teige und Massen jeweils vier geeignete Backwaren aus, die Sie während Ihrer Aktionswoche anbieten.

Angebot aus dem Bereich Teige:

Blechkuchen, wie z.B. Steuselkuchen, Butterkuchen, Mohnkuchen, Bienenstich

Berliner, Apfelkrapfen

Osterbrot

Savarin

Angebot aus dem Bereich Massen:

Baumkuchen (Baumkuchenschnitten, Baumkuchenringe, Baumkuchenspitzen)

Windbeutel und Eclairs

Florentiner und Nussknacker

Mandelhörnchen und Makronenschnitten

2. Aufgabe (2 + 8 Punkte)

Sie stellen ein verkaufsfertiges (keine Halbfertigprodukte) Produkt aus einer Masse her, die sie unter Aufgabe 1 genannt haben. Beschreiben Sie detailliert die fachgerechte Herstellung dieses Produktes (kein Convenience-Produkt).

Zutaten (Rohstoffe) ohne Mengenangabe:

Butter, Zucker, Vanille, Eigelb, Eiklar, Zucker, Salz, abgeriebene Zitrone

Mehl, Weizenpuder, ggf. Backpulver

Aprikotur und Fondant

Herstellung:

Formen für die Sandkuchen fetten und mehlen.

Butter, mit einem Drittel der Eimenge, und einem Drittel Zucker, Salz und Zitrone schaumig rühren. Das restliche Eigelb wird dann nach und nach hinzugefügt. Im Anschluss wird das Eiklar mit dem restlichen Zucker aufgeschlagen. Die schaumig gerührte Butter wird mit dem aufgeschlagenen Eiklar angeglichen, so dass eine ähnliche Konsistenz entsteht. Zum Schluss wird das vermengte Mehl-Weizenpudergemisch unter die Masse meliert.
Bei der Herstellung ist insbesondere darauf zu achten, dass die Zutaten bei Raumtemperatur verarbeitet werden. Um ein „Grisseligwerden" der Buttermasse bei der Eizugabe zu verhindern, kann der Buttermasse etwas Weizenpuder hinzugefügt werden. Zur Sicherheit kann auch Backpulver hinzugegeben werden. Dieses wird dann mit dem Mehl-Weizenpudergemisch gesiebt und vermengt.
Der Sandkuchen wird dann bei ca. 200 °C ohne Schwaden ca. 10 Minuten angebacken und bei ca. 175 °C ausgebacken.

Nach dem Backen kann der Kuchen mit heißer Aprikosenmarmelade aprikotiert und glasiert werden.

3. Aufgabe (6 Punkte)

Für das in Aufgabe 2 hergestellte Produkt fassen Sie die zentralen Verkaufsargumente zusammen. Nennen Sie mindestens drei Verkaufsargumente.

Verkaufsargumente:

1. Sandkuchen besitzen eine zarte und mürbe Krume, schmecken aromatisch und lassen sich als abwechslungsreiche Alternative zu jeder Kaffeetafel präsentieren.
2. Sandkuchen lassen sich aufgrund des hohen Fettgehaltes für einige Tage aufbewahren.
3. Sandkuchen sind durch ihre zarte, sandige Beschaffenheit gut zu verzehren.

4. Aufgabe (6 Punkte)

Für einen Sektempfang zu Beginn des Aktionstages schenken Sie für jeden Kunden je 2 cl Sekt aus. Insgesamt bereiten Sie 90 Probiergläser vor. Wie viele Flaschen Sekt mit 0,7 l Inhalt sind bei einem Schankverlust von 3% bereitzustellen?

Verfassen Sie einen Antwortsatz.

90 x 2 cl = 180 cl

180 cl – 3 % = 174,6 cl

Antwortsatz: Es sind vier Flaschen bereit zu halten.

Situation
Sie bereiten die Sahnetorten vor. Dabei verzichten Sie auf den Einsatz von Convenience-Produkten.

5. Aufgabe (8 Punkte)

Nennen Sie Dieter die notwendigen Arbeitsschritte zur Herstellung der Käse-Sahne-Torten in Stichworten.

Rezeptur:

Sahne, Quark, Crème fraîche, Joghurt, Läuterzucker, Gelatine, Salz, Zitrone, Vanillezucker Pfirsiche, Pfirsichlikör

Vorbereitung:

Mürbeteigböden in Ringe einlegen und mit Marmelade bestreichen. Bisquitboden einlegen und mit Läuterzucker und Pfirsichlikör tränken. Klein geschnittene Pfirsichstücke auf dem Boden verteilen

Herstellung:

Quark, Crème fraîche, Joghurt mit Zitrone, Zucker und den Aromen abschmecken.

Sahne schlagen und unter die Quarkmasse heben. Gelatine zunächst einweichen und dann auflösen und unter die Quark-Sahnemasse geben. In den Tortenring einfüllen und kühlen. Es ist darauf zu achten, dass die Gelatine nicht zu kalt wird, damit sich beim Unterarbeiten keine Gelatinefäden bilden. Zum Abschluss die Käsesahnetorte nach Belieben garnieren.

(aufgesetzter und geschnittener Bisquitboden, Torte mit Fruchtauflage versehen etc.)

6. Aufgabe (8 Punkte)

Eine Kundin reklamiert die Käse-Sahne-Torte und spricht von „gummiartigen" Fäden in der Sahnecreme.

Bestimmen Sie den Herstellungsfehler und die mögliche Ursache für diesen Fehler.

Fehler:

Die Gelatine war nicht richtig aufgelöst, so dass sich die Fäden in der Käse-Sahne-Torte bilden konnten.

Ursache:

Die Gelatine wurde nicht sachgerecht verarbeitet, sie war nicht heiß genug und nicht ausreichend aufgelöst. Als sie dann in die kalte Sahnecreme gegeben wurde, zog die Gelatine zu schnell an.

7. Aufgabe (6 Punkte)

Sie stellen eine Makronenmasse her. Welche Grundzutaten verwenden Sie?

Nennen Sie drei.

1. Marzipan
2. Eiklar
3. Zucker

Aromen: Salz, Zitrone

8. Aufgabe (8 Punkte)

Für die Herstellung von Makronen gelten lebensmittelrechtliche Bestimmungen. Nennen Sie zwei.

1. Für Mandelmakronen darf nur Marzipan verarbeitet werden.
2. Die Verwendung von Mehl ist bei allen Makronensorten (außer bei Kokosmakronen) nicht erlaubt.

9. Aufgabe (12 Punkte)

Sie sollen die Sachertorten aus dem Kühlhaus mit Kuvertüre überziehen. Nennen Sie in diesem Zusammenhang sechs Empfehlungen, die beim fachgerechten Temperieren von Kuvertüre zu beachten sind.

1. Die Kuvertürearbeiten sollten in einem temperiertem Raum bei ca. 20 °C durchgeführt werden.
2. Die Temperatur der zu überziehenden Produkte sollte ca. 5 bis 6 °C unter der Temperatur der Kuvertüre liegen.
3. Vor dem Überzug sollte eine Kuvertüreprobe gemacht werden, um zu prüfen ob der Überzug einwandfrei ist.
4. Kuvertüre darf nicht über 50 °C erhitzt werden.
5. Die Kuvertüre muss nach dem Auflösen gut durchgerührt werden.
6. Die Kuvertüre darf nicht zu stark aufgerührt werden, da sonst Luft eingeschlagen wird.

10. Aufgabe (4 Punkte)

Für die acht Sachertorten hat Ihr Praktikant Kuvertüre mit der Bezeichnung 70/30/40 im Temperiergerät aufgelöst. Die Kakaobestandteile dieser Kuvertüre betragen 3,800 kg.

Wie viel Blöcke zu je 2500 g hat der Praktikant aufgelöst?

70 % = 3,800 kg Kakaobestandteile
100 % = x kg

x = 3,800 kg x 100 : 70 = 5,428 kg

Antwortsatz: Der Praktikant hat 3 Blöcke aufgelöst.

11. Aufgabe (6 Punkte)

Nach dem Überzug der Sachertorten stellen Sie fest, dass diese ohne Glanz sind und graue Streifen aufweisen.

Nennen Sie die Ursache für diesen Fehler.

Die Kuvertüre war zu warm oder das zu überziehende Produkt war noch nicht ausgekühlt.

12. Aufgabe (6 Punkte)

Sie bereiten Wiener Böden für die Sahnetorten vor.

Aus einem Rezept für Wiener Böden erhalten Sie nur zehn „flache“ Böden und nicht – wie üblich – zwölf.

Prüfen Sie mögliche Fehlerquellen, die den Verlust erklären.

Die Eiermasse wurde nicht warm geschlagen und dann kalt ausgeschlagen.

Die Eiermasse hatte nicht den notwendigen Stand.

Das Mehl wurde nicht gesiebt und die Masse verlor beim Melieren an Volumen.

13. Aufgabe (16 Punkte)

Für den Mittagstisch während der Aktionswoche bereiten Sie einen Salatteller aus Blattsalaten zu.

Beschreiben Sie die Herstellung und Anrichteweise eines Salattellers (ohne Mengenangabe).

Zutaten:

Verschiedene Blattsalate, wie z. B. Lollo rosso, Eichblattsalat, Endivie, Radicchio, Kresse etc., Olivenöl, Essig, (2 : 1) Zucker, Honig, Senf, Salz, Pfeffer

Herstellung:

Blattsalate verlesen, von welken Teilen befreien und anschließend kurz in reichlich Wasser von Sand und Schmutz befreien. Den Salat anschließend in die Salatschleuder geben, um ihn trockenzuschleudern. Den Salat in mundgerechte Stücke zerpflücken auf ein Lochblech geben, abdecken und bis zum Service kühl stellen.

Das Salatdressing:

Senf, Zucker, Essig, Honig, Salz und Kräuter, ggf. Knoblauch in einem Glas oder in einer Flasche vermengen, Öl hinzu geben und schütteln und für den Service bereitstellen.

Anrichteweise:

Den Salat vermengen und marinieren, im Teller hoch anrichten und ggf. mit entsprechenden Beilagen versehen und sofort servieren

14. Aufgabe (4 Punkte)

Sie möchten den Salat für 4,90 Euro anbieten. Wie hoch darf der Wareneinsatz sein, wenn Sie mit einem Kalkulationsfaktor von 5,4 kalkulieren?

4,9 : 5,4 = 0,91 €

Antwortsatz: Der Wareneinsatz darf 0,91 € betragen.

2. Abschlussprüfung

Warenwirt und Sozialkunde

Zeit: 60 Minuten
Punkte: 100

Situation
Dagmar beginnt ihre Ausbildung zur Konditorin am 01.08.2011. Zu Beginn ihrer Ausbildung ist sie bereits 17 Jahre alt.

1. Aufgabe

Dagmar möchte sich über ihre Rechte und Pflichten während der Ausbildung informieren. Sie möchte wissen, wie lange ihre Probezeit andauern darf. In welchem Gesetz muss sie nachsehen? *Kreuzen Sie das zutreffende Gesetz an.*

- ◯ Im Grundgesetz
- ◯ Im Betriebsverfassungsgesetz
- ◯ Im Jugendarbeitsschutzgesetz
- ◯ Im Bundesurlaubsgesetz
- ✓ Im Berufsbildungsgesetz

2. Aufgabe

Kreuzen Sie die zutreffende Aussage an.

Dagmar hat das passende Gesetz gefunden. Demnach darf die Probezeit....

- ◯ höchstens sechs Monate betragen.
- ◯ drei Monate betragen.
- ✓ höchstens vier Monate betragen.
- ◯ mindestens einen Monat betragen.
- ◯ individuell zwischen Ausbilder und Auszubildendem geregelt werden.

3. Aufgabe

Dagmar denkt schon jetzt daran, ihre Gesellenprüfung vorzuziehen und möchte sich darüber bei der zuständigen Stelle informieren. *Kreuzen Sie die zutreffende Aussage an.*

Sie informiert sich bei ...

- ◯ ihrem Wirtschaftskundelehrer in der Schule.
- ◯ der Gewerkschaft.
- ◯ der Berufsgenossenschaft.
- ◯ ihrem Ausbilder.
- ✓ der zuständigen Handwerkskammer.

4. Aufgabe

Ihre Kollegin, die seit dem 01.01.2005 in ihrem Betrieb beschäftigt ist, wird aus betrieblichen Gründen zum 31.12.2010 gekündigt. Dabei wird vereinbart, dass sie für jedes Beschäftigungsjahr 35 % eines Bruttomonatsgehaltes als Abfindung erhält.

Berechnen Sie die Höhe der Abfindung, wenn Sie von einem Bruttomonatsgehalt von 2600 Euro ausgehen.

Verfassen Sie einen Antwortsatz.

Antwortsatz: Sie erhält 5460 Euro Abfindung.

5. Aufgabe

Dagmar steht kurz vor der Abschlussprüfung, die sie um sechs Monate vorgezogen hat.

Kreuzen Sie die zutreffende Aussage an.

Dabei gilt, dass …

- ☑ das Berufsausbildungsverhältnis mit Bestehen der Prüfung endet.
- ○ das Berufsausbildungsverhältnis erst nach drei vollständigen Lehrjahren enden kann.
- ○ das Berufsausbildungsverhältnis auch bei nicht bestandener Prüfung endet.
- ○ beim Nichtbestehen der Prüfung das Ausbildungsverhältnis um weitere zwei Jahre verlängert werden kann.
- ○ beim Nichtbestehen der Prüfung das Ausbildungsverhältnis nicht verlängert werden kann.

6. Aufgabe

Weil Dagmar nach der Lehre einen Auslandsaufenthalt beabsichtigt, möchte sie wissen, welche Kündigungsregeln nach der Ausbildung für sie gelten.

Kreuzen Sie die zutreffende Aussage an.

- ○ 14 Tage
- ○ 1 Monat
- ○ $^1/_4$ Jahr
- ☑ Mindestens vier Wochen zum 15. oder Ende eines Monats
- ○ zwölf Wochen

7. Aufgabe

Heinz-Dieter ist mit dem Zeugnis seines Arbeitgebers nicht zufrieden. Er erwägt eine Klage. Prüfen Sie, wer dafür zuständig ist.

Kreuzen Sie die zutreffende Aussage an.

- ◯ Die Arbeitsagentur
- ◯ Die Industrie- und Handelskammer
- ◯ Das Landgericht
- ◯ Die Gewerkschaften
- ✓ Das Arbeitsgericht

8. Aufgabe

Am letzten Arbeitstag stürzt Heinz-Dieter auf dem Nachhauseweg und bricht sich ein Bein. Er muss für drei Tage ins Krankenhaus. Welche Leistungen/Zahlungen sind für ihn zutreffend? – Folgeschäden sind nicht zu erwarten.

Kreuzen Sie die zwei zutreffenden Aussagen an.

- ✓ Er erhält Verletztengeld von der Berufsgenossenschaft für die Dauer der Arbeitsunfähigkeit.
- ◯ Er bekommt eine Erstattung der Krankenhauskosten von seinem ehemaligen Arbeitgeber.
- ◯ Er erhält ein angemessenes Schmerzensgeld von der Krankenkasse.
- ◯ Er erhält Krankengeld von der Agentur für Arbeit.
- ✓ Kostenübernahme für die Heilbehandlung durch die Berufsgenossenschaft.
- ◯ Er erhält keine Leistungen, da er seinen Arbeitsvertrag bereits gekündigt hat.

9. Aufgabe

Ihre Kollegin Dietlinde ist in den Betriebsrat gewählt worden und berichtet Ihnen von den Mitbestimmungsrechten des Betriebsrates.

*Kreuzen Sie die **zwei** zutreffenden Aussagen an.*

Danach steht dem Betriebsrat ein Mitbestimmungsrecht zu, wenn es um

- ✓ Beginn und Ende der täglichen Arbeitszeit geht.
- ✓ die Aufstellung allgemeiner Urlaubsgrundsätze geht.
- ◯ die Höhe der Lohnzahlung geht.
- ◯ den Einsatz von Monitoren zur Überwachung der Mitarbeiter geht.
- ◯ die Einstellung von Mitarbeitern geht.
- ◯ die Planung gemeinsamer Urlaubsreisen geht.

10. Aufgabe

In der Tageszeitung lesen Sie, dass der Generationenvertrag als Grundlage der Rentenversicherung in die Diskussion geraten ist.

Kreuzen Sie die zutreffende Aussage an.

Unter dem Begriff des Generationenvertrages versteht man, dass …

- ◯ die Politikergeneration für die Regelung der Altersvorsorge verantwortlich ist.
- ✓ die derzeit sozialversicherungspflichtig beschäftigten Arbeitnehmer mit ihren Beiträgen die gesetzliche Rente finanzieren.
- ◯ nur die Eltern von erwerbstätigen Kindern Anspruch auf eine Rentenzahlung haben.
- ◯ sich die derzeit beschäftigten Arbeitnehmer freiwillig zur Rentenzahlung für bedürftige Rentner verpflichten.
- ◯ sich die Zahlungen aus der Rentenkasse immer nur auf die nachfolgende Familiengeneration vererben.

11. Aufgabe

Im Berufsschulunterricht behandelten Sie die Zukunftsprobleme der Rentenversicherung. In diesem Zusammenhang wurde die Möglichkeit einer privaten Versicherung als individuelle Ergänzung erörtert.

Kreuzen Sie die zutreffende Aussage an.

- ✓ Aufgrund der demografischen Entwicklung muss man in 30 bis 40 Jahren mit erheblich niedrigeren Realrenten rechnen als heute.
- ◯ Wenn in der voraussichtlichen Biografie des Betroffenen mit erheblichen Ausfallzeiten zu rechnen ist.
- ◯ Damit der Staat zwecks Sanierung der öffentlichen Haushalte die Zuschüsse zur Rentenversicherung reduzieren kann.
- ◯ Weil durch zunehmende europäische Rechtssetzung mit Rentenkürzungen zu rechnen ist.
- ◯ Weil sich bei den meisten Arbeitnehmern nach dem Übergang in den Rentnerstatus eine sogenannte Versorgungslücke ergibt.

12. Aufgabe

Heinz-Dieter hat seine Auswanderungspläne gestrichen und möchte eine eigene Konditorei gründen.

Dazu finden Sie bei Einblick in die Gründungsunterlagen den folgenden Text.

§ 5 Stammkapital; Geschäftsanteil

(1) Das Stammkapital der Gesellschaft muss mindestens fünfundzwanzigtausend Euro betragen.

Heinz-Dieter gründet die folgende Unternehmensform:

Kreuzen Sie die zutreffende Aussage an.

- ○ Eine Ich-AG
- ○ Eine Aktiengesellschaft
- ○ Eine Offene Handelsgesellschaft
- ✓ Eine Gesellschaft mit beschränkter Haftung
- ○ Eine Kommanditgesellschaft

13. Aufgabe

Ihre Kollegin, Auszubildende im 1. Lehrjahr, hat einen Block Kuvertüre aus dem Magazin gestohlen. Sie wird fristlos entlassen.

Stellen Sie fest, ob diese Kündigung tatsächlich wirksam ist.

Kreuzen Sie die zutreffende Aussage an.

- ○ Nein, denn die Kündigung wurde ohne Zustimmung des Betriebsrates ausgesprochen.
- ○ Nein, die Auszubildende war erst 17 Jahre alt und damit noch nicht volljährig.
- ✓ Ja, weil der Diebstahl einen wichtigen Grund zur sofortigen Kündigung darstellt.
- ○ Ja, weil der Ausbilder jederzeit ohne einen Grund kündigen kann.
- ○ Nein, denn zunächst muss die Auszubildende schriftlich abgemahnt werden.

14. Aufgabe

Stellen Sie fest, welche Abmahnungsgründe zulässig wären.

Kreuzen Sie die zutreffende Aussage an.

Ihr Ausbilder mahnt Heike, eine weitere Auszubildende, ab, weil

- ○ sie seit mehr als sechs Wochen krank ist.
- ○ sie während der Arbeitszeit zu drei Einsätzen der freiwilligen Feuerwehr gerufen wurde.
- ○ sie an einer Demonstration für bessere Lernbedingungen an der Berufsschule teilgenommen hat.
- ○ sie ohne Rücksprache mit dem Ausbilder an einem Zuckerkurs teilgenommen hat.
- ✓ sie durch ihre politischen Diskussionen dauerhaft den Betriebsfrieden stört.

15. Aufgabe

Heike kommt zu Ihnen und bittet Sie um Rat. Heike ist 18 Jahre alt und muss an ihrem Schultag noch vorher einige Stunden im Betrieb arbeiten, bevor sie zur Schule fährt.

Kreuzen Sie die zutreffende Aussage an.

Sie erklären Heike, dass dies

- ◯ durchaus zulässig ist, da Heike bereits das 18. Lebensjahr vollendet hat.
- ✓ unzulässig ist, wenn der Berufsschultag vor 9 Uhr beginnt.
- ◯ zulässig ist, wenn der Auszubildende dafür einen weiteren freien Tag erhält.
- ◯ zulässig ist, wenn der Auszubildende dieser Regelung zustimmt.
- ◯ allein vom Arbeitgeber (Ausbilder) zu bestimmen ist.

16. Aufgabe

Ihre Kollegin Heike wird schwanger. Sie möchte von Ihnen wissen, welche Rechte sie in diesem Fall in Anspruch nehmen kann. Empfehlen Sie ihr den geeigneten Gesetzestext.

Kreuzen Sie die zwei zutreffenden Aussagen an.

- ◯ Bundeselterngeld- und Elternzeitgesetz
- ✓ Kündigungsschutzgesetz
- ◯ Grundgesetz
- ◯ Berufsbildungsgesetz
- ✓ Mutterschutzgesetz
- ◯ Allgemeines Gleichbehandlungsgesetz

17. Aufgabe

Sie möchten sich nach Ihrer Ausbildung beruflich verändern. Bringen Sie die nachfolgenden Überlegungen in eine sinnvolle Reihenfolge.

- (8) Arbeitszeugnis ausstellen lassen
- (7) Arbeitsplatz fristgerecht kündigen
- (1) Stellenausschreibungen beobachten
- (2) Bewerbungsschreiben vorbereiten
- (3) Vorstellungsgespräch führen
- (4) Gehaltsverhandlungen führen
- (6) Vertragsabschluss
- (5) Probezeit festlegen

18. Aufgabe

Ihr neuer Arbeitgeber berichtet ihnen, dass er sich mit vier weiteren ortsansässigen Konditoreien zusammengeschlossen hat, um mit entsprechenden Absprachen der schwierigen Wirtschaftslage gewachsen zu sein.

Stellen Sie fest, welche Absprache gegen das Kartellrecht verstoßen würde.

- ☑ Eine Absprache über eine gemeinsame Preisgestaltung
- ◯ Eine Absprache über gemeinsame Marketingmaßnahmen der Innung
- ◯ Eine Absprache über ein gemeinsames Qualitätssiegel bei der Herstellung von Backwaren
- ◯ Eine Absprache über ein gemeinsames Einkaufskontingent bei der BÄKO
- ◯ Eine Absprache über einen Termin zum Erfahrungsaustausch aller Innungsmitglieder

19. Aufgabe

In der Wirtschaftspresse wird von einer zunehmenden konjunkturellen Erholung gesprochen. Welche der nachfolgenden Aussagen trifft für eine solche Phase zu?

Kreuzen Sie die zwei zutreffenden Aussagen an.

- ◯ Die Arbeitslosenzahl erhöht sich schleichend.
- ◯ Das Zinsniveau bei den Banken geht zurück.
- ☑ Nach zwischenzeitlicher Beruhigung zieht das Niveau der Konsumgüterpreise an.
- ☑ Der Staat kann mit Steuermehreinnahmen rechnen.
- ◯ Der Staat muss mit Steuerausfällen rechnen.
- ◯ Die Inflationsrate steigt.

20. Aufgabe

Kreuzen Sie die zwei zutreffenden Aussagen an.

Sie erwerben in einem Fachgeschäft einen Videorecorder. Welche Aussagen zur gesetzlichen Gewährleistung sind im Falle eines Defektes zutreffend?

- ◯ Der Kaufvertrag kann im Schadensfalle innerhalb von sechs Monaten anstandslos rückgängig gemacht werden.
- ☑ Bis zu sechs Monate nach Kauf müsste der Händler den bei Kaufdatum fehlerlosen Zustand des Gerätes nachweisen. Danach müsste der Kunde innerhalb der weiteren 1 1/2 Jahre nachweisen, dass das Gerät bei Übergabe fehlerhaft war.
- ☑ Dem Verkäufer stehen Nachbesserungsrechte zu.
- ◯ Der Vorgang muss bei der zuständigen Polizeibehörde angezeigt werden.
- ◯ Die gesetzliche Gewährleistung gilt nur, wenn der Kaufpreis bar bezahlt wurde.
- ◯ Die gesetzliche Gewährleistung gilt ausschließlich für Dienstleistungen.

21. Aufgabe

In der Zeitung lesen Sie einen Artikel über zunehmende Inflationstendenzen. Welche Schlüsse können Sie daraus ziehen?

Kreuzen Sie die zutreffende Aussage an.

- ◯ Aufbewahrte Bargeldbestände werden an Wert gewinnen.
- ✓ Die meisten Güter und Dienstleistungen werden teurer.
- ✓ Vermutlich wird die Europäische Zentralbank in Kürze die Basiszinsen anheben.
- ◯ Importwaren werden durchschnittlich preisgünstiger zu erwerben sein.
- ◯ Ich kann für mein Geld Waren deutlich preiswerter erwerben.
- ◯ Dienstleistungen werden preiswerter.

22. Aufgabe

Ihr Betrieb lässt die Berufskleidung und andere Textilien von einem Wäschereibetrieb reinigen und pflegen. – Geben Sie den für solche Unternehmen zutreffenden Wirtschaftssektor an.

Kreuzen Sie die zutreffende Aussage an.

- ◯ Handel
- ◯ Urerzeugung
- ✓ Dienstleistung
- ◯ Produktion
- ◯ Zulieferindustrie

23. Aufgabe

Das sogenannte Stabilitätsgesetz schreibt der Politik vier wesentliche Zielsetzungen im Hinblick auf wirtschaftspolitische Maßnahmen vor. Welche der nachfolgenden Nennungen ist <u>nicht</u> darin enthalten?

Kreuzen Sie die zutreffende Aussage an.

- ◯ Angemessenes Wirtschaftswachstum
- ◯ Klimaschutz
- ◯ Außenwirtschaftliches Gleichgewicht
- ✓ Ausweitung der Entwicklungshilfe
- ◯ Vollbeschäftigung

24. Aufgabe

In einem Internet-Blog wird vor einer kommenden Rezession gewarnt. Welche Merkmale sind typisch für diese Konjunkturphase?

Kreuzen Sie die zutreffende Aussage an.

- ☑ Produktionsrückgang und tendenzielle Preissenkungen
- ◯ Produktionsrückgang und Konsumzuwachs
- ◯ Produktions- und Konsumzuwachs
- ◯ Steigende Arbeitslosigkeit und wachsende Nachfrage aus dem Ausland
- ◯ Stabile Löhne und sinkender Absatz

25. Aufgabe

Ein Kunde möchte einen größeren Einkauf mit seiner EC-Karte bezahlen. Ihr Laden verfügt über eine Lesevorrichtung. Was müssen die Beteiligten eines solche Zahlungsvorgangs beachten/wissen?

Kreuzen Sie die zwei zutreffenden Aussagen an.

- ◯ Das Risiko mangelnder Kontodeckung liegt in jedem Fall beim Zahlungsempfänger/Verkäufer.
- ☑ Die bezogene Bank garantiert unabhängig von der Kontodeckung die Zahlung von 200,00 Euro je Zahlungsvorgang.
- ☑ Der Zahler/Käufer muss sich durch Abgabe seiner Unterschrift oder durch die Eingabe seiner geheimen PIN legitimieren.
- ◯ Der Verkäufer ist verpflichtet, dieses Zahlungsmittel anzuerkennen.
- ◯ Bei Einsatz der EC-Karte bei mangelnder Kontodeckung liegt in jedem Falle Betrug vor.
- ◯ Dieses Zahlungsmittel kann von jedem Käufer genutzt werden, sofern er sich mit der PIN legitimieren kann.

26. Aufgabe

Beim Abschluss von Kreditverträgen sind verschiedene Angaben vorgeschrieben. Welcher der nachfolgenden Punkte ist für die Vergleichbarkeit von Kreditangeboten der wichtigste?

Kreuzen Sie die zutreffende Aussage an.

- ◯ Anzahl der Raten
- ☑ Der effektive Jahreszins
- ◯ Die Höhe der Raten
- ◯ Der regelmäßige Zahlungstermin
- ◯ Die Kreditsumme

27. Aufgabe

Ein Haushalt hat im Mai 2010 bei einer Inflation von 2,5 % durchschnittliche Monatsausgaben von 1886,00 Euro. Wie hoch waren die Ausgaben bei gleicher Güterversorgung ein Jahr zuvor?

Verfassen Sie einen Antwortsatz.

Antwortsatz: Die Ausgaben betrugen 1840 Euro.

3. Prüfungsteil Abschlussprüfung

Betriebswirtschaftliches Handeln

Zeit: 60 Minuten
Punkte: 100

Situation
Ihr Ausbildungsbetrieb, die Konditorei **„Reich & Schön“**, plant für die umsatzschwächere Zeit vor Ostern verschiedene Aktionen. Sie sind für die Planung und Durchführung eines Aktionstages im März verantwortlich. Der Praktikant Dieter hilft Ihnen bei der Vorbereitung.

1. Aufgabe (5 Punkte)

Nennen Sie weitere Anlässe, die sich zur Durchführung von Aktionen für eine Konditorei im Laufe eines Jahres anbieten.

Nennen Sie fünf Möglichkeiten.

Stadtfeste mit regionalem Bezug

periodisch wiederkehrende Sportereignisse (Fußball-Weltmeisterschaft, Olympiade etc.)

Fasching, Karneval

„Zeitgeist“, wie z. B. Fitnesswelle, Ökologische Bewegungen, Klimaschutz, Globalisierung,

„Woche der offenen Backstube“ , Wohltätigkeitsaktionen

2. Aufgabe (10 Punkte)

Bei der Planung Ihrer Aktionswoche im März müssen verschiedene Planungsschritte geprüft werden.

Welche Planungsüberlegungen gehören dazu?

Nennen Sie fünf.

Personaleinsatz

Produkte, Rezepturen und Herstellung

Werbemaßnahmen (Plakate, Zeitungsanzeige, Angebotsformen)

Besondere Verpackungsmittel, Ladendekoration

Verkaufsschulung

3. Aufgabe (3 Punkte)

Für Ihre Aktionswoche werden Sie verschiedene Spezialgebäcke anbieten.

Bestimmen Sie ein Motto für Ihre Aktionswoche.

„Gesund essen – Gesund genießen“
„Volles Korn – Voller Geschmack“

4. Aufgabe (6 Punkte)

Sie bieten während der Aktionswoche Vollkornbackwaren, Backwaren für Diabetiker und Backwaren für Zöliakiekranke an.

Nennen Sie für jede angegebene Backware ein Verkaufsargument.

Vollkornbackwaren haben einen hohen Anteil an Ballaststoffen und damit einen hohen Gesundheitswert.

Backwaren für Diabetiker werden mit geeigneten Zuckeraustauschstoffen gesüßt und sind daher keine „Dickmacher“.

Backwaren für Zöliakiekranke sind glutenfrei und daher gut verträglich.

5. Aufgabe (6 Punkte)

Sie bereiten den Laden und das Café für die Aktionswoche vor. Nennen Sie sechs Dekorationsmaßnahmen für die Aktionswoche.

Ausgewählte „Ladenfarben, die zum Thema passen (Erdbeerwoche kombiniert mit der Farbe Rot)

Marzipanerdbeeren

Eine Riesenerdbeere am Ladeneingang

Arbeitskleidung wird auf die Aktionswoche abgestimmt (rote Erdbeermütze)

großformatige Bilder von Erdbeeren, von Kindern gemalte Bilder zum Thema

Blinkende Erdbeeren aus LED´s

6. Aufgabe (12 Punkte)

Sie bestellen für Ihren Aktionstag einige Waren und erhalten diese Rechnung.

Prüfen Sie den Rechnungsbetrag der Firma „Bäko-Back“ und berechnen Sie die Beträge unter a, b und c.

BÄKO-Back
Fachbedarf für Bäckereien und Konditoreien

R. Kuhne – Ostwestfalenstraße 95 - 33619 Bielefeld

Schlosscafé
Dirk Gerdau
Buschkampstraße 34
33615 Bielefeld

Rechnungsnummer: 36548 Lieferdatum 11.12.2012

Wir lieferten Ihnen:

Menge	Artikel	Einheit	Preis/Einheit €
20	Kuvertüre	Block	11, 20
1	Mandeln	25 kg	126,40
36	Wein, Grauburgunder	0,75 l	3,50
100	Erdbeeren	0,250 kg	2,50
24	Pfirsiche	1/1	1,20
4,500	Putenkeulen/tiefgefroren	kg	2,70
25,000	Kartoffeln	kg	0,85
200	Eier	Stück	0,23

(a) Rechnungsbetrag: *834,60 €*

(b) Rechnungsbetrag mit 7 % Mehrwertsteuer: *893,02 €*

(c) Rechnungsbetrag abzüglich 3 % Skonto: ***866,23 €***

zahlbar bis zum 18.12.2012

Antwortsätze zu Aufgabe 6

(a) Der Rechnungsbetrag beträgt 834,60 €

(b) Der Rechnungsbetrag zuzüglich der Mehrwertsteuer beträgt 893,02 €

(c) Der Rechnungsbetrag abzüglich Skonto beträgt 866,23 €

7. Aufgabe (8 Punkte)

Sie möchten am Aktionstag vorwiegend frische Waren verarbeiten.

Für Ihre Erdbeercharlotten benötigen Sie 7,4 kg Erdbeeren. Allerdings rechnen Sie mit einem Putzverlust von 12 %. Bitte auf ein volles Pfund runden.

(a) **Wie viel kg Erdbeeren müssen zur Verfügung stehen, um die Erdbeercharlotten herzustellen?**

(b) **Die Erdbeeren sind in 250-g-Schalen abgepackt. Wie viele Schalen mit Erdbeeren müssen vorrätig sein?**

88 % = 7,4 kg
100 % = x

x = 7,4 x 100 : 88 = 8,409 kg

(a) **Antwortsatz:** Es müssen 8,5 kg Erdbeeren zur Verfügung stehen.

(b) **Antwortsatz:** Es müssen 34 Schalen zur Verfügung stehen.

8. Aufgabe (6 Punkte)

Die Lieferung Mandeln hat ein Bruttogewicht von 25 kg (s. Rechnung in Aufgabe 1).
Wie viel kostet 1 kg Mandeln tatsächlich, wenn die Tara mit 600 g zu berücksichtigen ist?

25,000 kg – 0,600 kg = 24, 400 kg

126,40 € : 24, 400 = 5,18

Antwortsatz: 1 Kilogramm Mandeln kostet 5,18 €.

9. Aufgabe (6 Punkte)

Zum Aktionstag bieten Sie eine dreistöckige Festtagstorte mit einem Zuckeraufsatz zum Sparpreis an.

Dabei liegen Ihnen folgende Angaben vor:

Materialkosten	**36,80 Euro**
Arbeitszeit	**5,5 Stunden**
Stundenkostensatz	**42,00 Euro**
Risiko/Gewinn	**21 %**
MwSt.	**19 %**

Berechnen Sie den Verkaufspreis für Ihre Aktionstorten.

Materialkosten = 36,80 € + 5,5 Stunden x 42 € = 267,80 €

267,80 x 1,21 % = 324,04 €

324,04 x 1,19 % =

385,61 €

Antwortsatz: Der Verkaufspreis der Festtagstorte beträgt 385,61 €.

10. Aufgabe

(6 Punkte)

Für den Aktionstag stellen Sie Champagnertrüffel her. Diese haben Sie wie folgt kalkuliert:

Materialkosten	21,50 Euro
Betriebskosten	83,85 Euro
Risiko/Gewinn	32,65 Euro
Mehrwertsteuer	26,22 Euro

Berechnen Sie den Rohaufschlag (Bruttoaufschlag) inklusive Mehrwertsteuer in %.

83,85 € +32,65 € +26,22 € = 142,72 €

21,50 € = 100 %

142,72 € = x %

$$x = \frac{142{,}72 \times 100}{21{,}50}$$

x = 664 %

Antwortsatz: Der Rohaufschlag beträgt 664 %.

11. Aufgabe

(8 Punkte)

Die Aktionswoche schlägt sich auch im Umsatz Ihres Ausbildungsbetriebes nieder. Er liegt im April dieses Jahres um 13,5 % über dem Umsatz des Vormonats und beträgt 24340 Euro.

Berechnen Sie den Umsatz des Vormonats.

113,5 % = 24.340 €

100 % = x

$$x = \frac{24.340 \times 100}{113{,}5}$$

x = 21.444,93 €

Antwortsatz: Der Umsatz des Vormonats betrug 21.444,93 €

12. Aufgabe

(10 Punkte)

Der Aktionstag soll von Ihnen aktiv beworben werden. Nennen Sie unter Berücksichtigung möglichst preiswerter Werbemaßnahmen fünf geeignete Werbemittel, um auf den Aktionstag hinzuweisen.

1. Aktualisierung der Internetpräsenz
2. Redaktioneller Hinweis zu Wohltätigkeitsaktionen in Verbindung mit der Aktionswoche
3. *Gewinnspiel*
4. Informationen über den Anbau der Erdbeeren (Erdbeeren aus der Region, Bio-Anbau)
5. Vorbereitung durch bedruckte Papiertüten, die auf die Aktion hinweisen

13. Aufgabe

(10 Punkte)

Bei Ihren Werbemaßnahmen berücksichtigen Sie die sogenannte „AIDA-Formel".

Erklären Sie diese Formel, indem Sie die Anfangsbuchstaben fortführen.

(A) = Attention (Achtung, auf das Produkt aufmerksam machen)

(I) = Interest (Interesse wecken)

(D) = Desire (Verlangen erzeugen)

(A) = Action (zur Kaufhandlung bewegen)

14. Aufgabe

(4 Punkte)

Die Mitarbeiter in der Backstube beteiligen sich wöchentlich an einer Lotterie. Der Meister zahlt 50 Euro ein, der Geselle 20 Euro und der Auszubildende 5 Euro. Wie muss ein Lottogewinn in Höhe von 7500 Euro gerecht auf die drei Mitspieler verteilt werden?

Meister	50 Teile x 100 = 5000 €
Geselle	20 Teile x 100 = 2000 €
Auszubildender	5 Teile x 100 = 500 €
	75 Teile

$$1 \text{ Teil} = \frac{7500}{75} = 100$$

4. Prüfungsteil Entwerfen und Zeichnen von Konditoreierzeugnissen

Zeit: 60 Minuten
Punkte: 100

Zeit: 70 Minuten
Punkte: 100

Aufgabe:

Entwerfen und zeichnen Sie eine Geburtstagstorte.

Hilfsmittel: bis auf die Zeichenmaterialien, keine

Bearbeitungshinweise

1. Es dürfen nur genehmigte Skizzen oder Vorlagen genutzt werden. Dazu zählen:
   - Blatt mit Ring und Einteilung
   - Tortensegment
   - Linienblatt
2. Entwerfen Sie ein Schriftschild mit der Aufschrift: „Zum Geburtstag“
3. Täuschungsversuche führen zum Ausschluss von der Prüfung.

Beispiel für eine Zeichnung, die zur Prüfung präsentiert wird.

Bildquellenverzeichnis

Anlage 1 zur Verordnung zur Gestaltung und Verwendung des Öko-Kennzeichens; BGBl. I 2005, 3384 f. 58

Archiv Fachbuchverlag Pfanneberg, Haan-Gruiten 9, 11, 20, 23, 31, 32, 33/1+3, 34, 35, 39, 43/2, 44/2, 46, 47, 48, 50, 52, 53, 54, 56/2, 57, 59, 66, 68, 70, 73, 83, 84/1, 98, 99, 100, 102, 103/2, 106/1, 108/1, 112, 113, 119, 120, 121, 123/2, 124, 125, 126/2, 128, 129, 130, 131/2, 133, 135/2, 138, 142/1+2, 145, 146, 148, 152, 154, 155/2, 169, 214, 222, 260, 268

Benno Buir, Solingen 123/1

Max-Rubner-Institut/U. Scheibner 44/1

Burkheiser, Peter, Werther 17/1-3, 19, 166, 173, 186

Culinary Institute of America, Hydepark N.Y., USA 106/2, 110

Detia Degesch GmbH, Laudenbach 26/1+2

Deutsche Weininformation, Mainz 122

Duales System 36

Ebbinghaus, Ramona, Kaunitz 300

Europäische Kommission 58

Fotolia 25 (© James Steidl), 27 (© Ingo Bartussek), 33/2 (© Himmelssturm), 43/1 (© Stephi), 45 (© caraman), 56/1 (© Jörg Beuge), 61 (© mapoli-photo), 65 (© MAK), 76 (© contrastwerkstatt), 78 (© beatuerk), 79 (© ExQuisine), 82 (© contrastwerkstatt), 84/2 (© momanuma), 85 (© contrastwerkstatt), 86 (© Quade), 90 (© Dominik Marx), 92/1 (© victoria p.), 92/2 (© Doris Heinrichs), 94 (© Lucky Dragon), 103/1 (© Pavel Siamionov), 104 (links: © leeavision, Mitte: © sundebo, rechts: © scis65), 108/2 (© Richard Oechsner), 108/3 (©Swetlana Wall), 111 (© GuS), 116 (© illustrez-vous), 117/1 (© ExQuisine), 117/2 (© Kasienka), 117/3 (© cirquedesprit), 127 (© sribaß), 131/1 (© lichtbildmaster), 134 (© Lucky Dragon), 135/1 (© Ideenkoch), 161 (© HLPhoto), 162 (© nito), 164 (© Eberhard Drews), 170 (© Printemps), 177 (© JcJg Photography), 179/1 (© Pixelmania), 179/2 (© Xavier Mansuy), 180 (© TwilightArtPictures), 181 (© Sean Gladwell), 187 (© ilumus photography), 188 (© Dusan Zidar), 189 (© Dustin Dennis), 193 (© Ernst-Pieber), 194 (© Mikhail Mandrygin), 195 (© Stefan Merkle), 213/1 (© Jörg Beuge), 259/1 (© Jörg Beuge)

Grüner/Metz/Hummel (2011): Der junge Koch/Die junge Köchin 114

Keweloh, Heribert (2011): Mikroorganismen in Lebensmitteln. Haan, Fachbuchverlag Pfanneberg 30

Peitsch, Helge (Bielefeld) 153, 155/1

Peschtrich, Martin, Bielefeld 101, 115, 147, 150, 271/2

Stockfood, München 143 (© Eising Studio – Food Photo & Video), 183 (© Silver Visions Publishing Co.)

Töws, Erika, Detmold 271/4

ullstein bild – joko 33/4